"十四五"新工科应用型教材建设项目成果

21世纪技能创新型人才培养系列教材 计算机系列

U0385805

Java
语言程序设计
基础教程

主 编／王 莹 韩冬艳 刘慧源

副主编／杨 琦 付红艳 田 川

中国人民大学出版社

·北京·

图书在版编目（CIP）数据

Java 语言程序设计基础教程 / 王莹，韩冬艳，刘慧源主编 . -- 北京：中国人民大学出版社，2022.6
21 世纪技能创新型人才培养系列教材 . 计算机系列
ISBN 978-7-300-30705-3

Ⅰ . ① J… Ⅱ . ①王… ②韩… ③刘… Ⅲ . ① JAVA 语言 － 程序设计 － 高等学校 － 教材 Ⅳ . ① TP312.8

中国版本图书馆 CIP 数据核字（2022）第 096348 号

"十四五"新工科应用型教材建设项目成果
21 世纪技能创新型人才培养系列教材·计算机系列

Java 语言程序设计基础教程
主　编　王　莹　韩冬艳　刘慧源
副主编　杨　琦　付红艳　田　川
Java Yuyan Chengxu Sheji Jichu Jiaocheng

出版发行	中国人民大学出版社			
社　　址	北京中关村大街 31 号		邮政编码	100080
电　　话	010 - 62511242（总编室）		010 - 62511770（质管部）	
	010 - 82501766（邮购部）		010 - 62514148（门市部）	
	010 - 62515195（发行公司）		010 - 62515275（盗版举报）	
网　　址	http://www.crup.com.cn			
经　　销	新华书店			
印　　刷	北京七色印务有限公司			
规　　格	185 mm×260 mm　16 开本		版　　次	2022 年 6 月第 1 版
印　　张	11.75		印　　次	2022 年 6 月第 1 次印刷
字　　数	236 000		定　　价	36.00 元

Java 语言应用领域广泛，从传统行业到互联网行业都有它的用武之地。Java 是一门面向对象的编程语言，可以编写桌面应用程序、Web 应用程序、分布式系统和嵌入式系统应用程序。Java 语言功能强大、简单易用，具有面向对象、分布性、安全性、可移植性、动态性等优点。作为静态面向对象的编程语言的代表，Java 语言实现了面向对象理论，便于程序员进行复杂的编程。

随着行业的发展及新兴技术的出现，Java 语言无论是在传统领域，还是在大数据领域，均实现了深度应用。目前，Java 工程师人才缺口很大，预计未来人才需求将翻倍增长。学好 Java 语言，不但可以成为互联网、金融、游戏、IT 等行业的 Java 开发工程师，还可以进阶管理层。

本书是面向 Java 初学者的入门级教材，以通俗易懂的语言、丰富的案例，深入浅出地讲解了 Java 语言基础知识。全书知识体系完整，结构合理，可操作性强，共分为 10 个单元，其中包含 45 个实例和 27 个实训，内容主要包括 Java 环境搭建、Java 语言基础、顺序结构程序设计、选择结构程序设计、循环结构程序设计、数组、面向对象程序设计、异常处理、图形用户界面设计、数据库编程基础。

本书由辽宁农业职业技术学院任教多年的双师型骨干教师编写，具体分工如下：付红艳编写单元 1，刘慧源编写单元 2 至单元 4，王莹编写单元 5、单元 6 并负责全书统稿，杨琦编写单元 7，韩冬艳编写单元 8 至单元 10。田川为本书资源的制作和整理提供了支持和帮助。辽宁特殊教育师范高等专科学校的柏翠老师、辽宁生态工程职业学院的陈姝潓老师、辽宁软信信息技术有限公司的技术人员徐大成对本书的编写提供了帮助，在此一并表示感谢！

由于时间仓促，加之编者水平有限，书中难免存在疏漏之处，恳请广大读者批评指正。

编者

C O N T E N T S 目录

单元 ① Java 语言概述

单元导读

Java 作为最流行的编程语言之一，集安全性、平台无关性等特性于一身，在互联网等多个领域得到了广泛的应用。本单元主要介绍 Java 的发展史及开发环境搭建。

学习目标

✓ 掌握 Java 语言的基本构成。
✓ 掌握 Java 程序的书写规范。
✓ 掌握 JDK 的安装及配置方法。
✓ 掌握在 Eclipse 环境中开发 Java 应用程序的方法。

课程思政目标

Java 语言应用领域的发展，为我们提供了广阔的就业前景。学好相关技能，并能够灵活应用到实际工作中，可为自己的职业生涯打下坚实的基础。在学习技能的过程中，同学们要有意识地进行职业规划，培养为我国 Java 技术发展做贡献的意识。

1.1 Java 语言简介

Java 语言是 Sun 公司 1995 年推出的一门高级编程语言，起初主要应用在小型消费电子产品上，后来随着互联网的兴起，Java 语言迅速崛起（Java applet 可以在浏览器中运行），成为开发大型互联网项目的首选语言之一。

Java 是一种面向对象的编程语言，其吸收了 C++ 语言的多种优点，并加以改进，可以说 Java 语言具有功能强大和简单易用两个特征。Java 作为静态面向对象的编程语言的代表，实现了面向对象理论，便于程序员进行复杂的编程。应用 Java 语言可以编写桌面应用程序、Web 应用程序、分布式系统应用程序和嵌入式系统应用程序等。

1.1.1 Java 语言的特点

Java 语言共有十大特点：简单性、面向对象、分布性、编译和解释性、稳健性、安全性、可移植性、高性能、多线程性、动态性。

1. 简单性

Java 语言继承了 C++ 语言面向对象技术的核心，舍弃了 C++ 语言中容易引起错误的指针（以引用取代）、运算符重载、多重继承（以接口取代）等特性，增加了垃圾回收器功能，用于回收不再被引用的对象所占据的内存空间，使得程序员不用再为内存管理而担忧。所以 Java 语言学习起来更简单，使用起来也更方便。

2. 面向对象

Java 是一种面向对象的编程语言。

3. 分布性

Java 语言可在网络上应用，是分布式语言。可以说，用 Java 语言编写的程序可以应用于任何地方，节省大量的人力物力。

4. 编译和解释性

Java 编译程序生成的是字节码，而不是通常的机器码，这使得应用 Java 语言开发的程序比用其他语言开发的程序快很多。

5. 稳健性

Java 语言的设计初衷就是编写具有高可靠性的、稳健的软件。目前，许多第三方交易系统、银行的前台和后台电子交易系统等都会用 Java 语言开发。

6. 安全性

Java 语言的存储分配模型是它防御恶意代码的主要手段之一，所以很多大型的企业级项目开发都会选择 Java。

7. 可移植性

Java 语言并不依赖平台，用 Java 编写的程序可以运用到任何操作系统上。

8. 高性能

Java 是一种先编译后解释的语言，所以它不如全编译性语言运行快。但 Java 设计者制作了"及时"编译程序，这样便可实现全编译。

9. 多线程性

Java 是多线程语言，它可以同时执行多个程序，能处理不同任务。

10. 动态性

Java 语言能适应变化的环境，所以说它是一个动态的语言。

1.1.2 Java 技术的应用领域

Java 作为一种发展迅速的语言程序，自问世以来在多个领域均得到了深入应用。

1. 服务器程序

Java 在金融服务业的应用非常广泛，多家跨国投资银行都采用 Java 语言来编写前台和后台的电子交易系统、结算和确认系统、数据处理项目以及其他项目。

2. 嵌入式领域

Java 在嵌入式领域的发展空间很大。实际上，Java 语言最初是为嵌入式设备而设计的，其主旨之一便是"立即编写，随处运行"。用户只需提供 130KB 空间就能够使用 Java 技术（在智能卡或者传感器上）。

3. 大数据技术

Hadoop 和其他大数据技术都在不同程度地使用着 Java 语言，例如 Apache 的基于 Java 的 Hbase、Accumulo（开源），以及 ElasticSearch。

4. 网站开发领域

Java 在网站开发领域有着广泛的应用，用户可以运用多种 RESTfull 架构，这些架构是用 SpringMVC、Struts2.0 和类似的框架开发出来的。许多政府、医疗、保险、教育等领域的网站都是建立在 Java 之上的。

1.2 简单的 Java 程序设计

一个 Java 程序通常由数据类型、变量、运算符和控制流程语句 4 部分组成。其中，数据类型和运算符不仅定义了语言的规范，还决定了可以执行什么样的操作；变量用于存储指定类型的数据，其值在程序运行期间是可变的；与变量对应的是常量，其值是固定的。

1.2.1 Java 程序基本构成

下面先来看一个简单的 Java 程序，它的基本构成如下：

```
public class Hello {
    public static void main(String[] args) {
```

```
    // 向屏幕输出文本：
    System.out.println("Hello, world!");
    /* 多行注释开始
       注释内容
       注释结束 */
    }
}              // class 定义结束
```

一个程序的基本单位是 class，也就是关键字，这里定义的 class 的名字是 Hello。

1.2.2　Java 程序书写规范

（1）程序结构规范。

（2）命名规范。

（3）注释规范。

（4）构造方法规范。

（5）修饰符规范。

（6）声明规范。

（7）语句规范。

（8）空白使用规范。

（9）缩进规范。

1.2.3　Java 程序的注释

Java 提供了两种类型的注释：程序注释和文档注释。程序注释是由分隔符 // 和 /* ... */ 隔开的部分。单行时用 //，多行时用 /* ... */。程序注释主要是对程序某部分的具体实现方式的注释。文档注释是对程序的描述性注释。

程序注释有 4 种格式：块注释、单行注释、跟随注释、行尾注释。

文档注释描述了 Java 类、接口、构造函数、方法和属性。

注释宜少而精，不宜多而滥，更不能误导用户。编写程序时，应做到命名达意，结构清晰，类和方法等责任明确，这样往往不需要或者只需要很少的注释就可以让人读懂；相反，若程序混乱，再多的注释都不能弥补。

下面通过两个简单的 Java 程序设计实例来说明什么是结构清晰的程序。

【实例 1】　输出 hello,java。

```
public class Demo {
    public static void main(String[] args) {
        System.out.println("Hello,java");
    }
}
```

程序输出结果为：

hello,java

【实例 2】 输出 2 个数的和。

```java
public class Demo {
    public static void main(String[] args) {
        Scanner in = new Scanner(System.in);
        int n1=0,n2=0,sum=0;
        System.out.print(" 请输入第 1 个数：");
        n1 = in.nextInt();
        System.out.print(" 请输入第 2 个数：");
        n2 = in.nextInt();
        sum=n1+n2;
        System.out.println(n1+" + "+n2+" = "+sum);
    }
}
```

1.3 Java 的工作原理

Java 工作涉及以下 4 个方面：

（1）Java 编程语言。

（2）Java 类文件格式。

（3）Java 虚拟机。

（4）Java 应用程序接口。

编辑并运行一个 Java 程序时，需要同时涉及这 4 个方面。使用文字编辑软件或集成开发环境在 Java 源文件中定义不同的类，通过调用类（这些类实现了 Java API）中的方法来访问资源系统，将源文件编译生成一种二进制中间码，存储在 class 文件中，然后通过运行与操作系统平台环境相对应的 Java 虚拟机来运行 class 文件，执行编译产生的字节码，调用 class 文件中实现的方法来满足程序的 Java API 调用。

1.4 Eclipse 上机环境安装

Java 的开发环境有很多，除 Sun 提供的 JDK 开发环境外，常见的还有 Eclipse、JBuilder、NetBean 等集成开发环境，但都需要提前安装 JDK 工具包。本书仅介绍在 Windows10 操作系统下的 JDK 和 Eclipse 的安装与使用。

1.4.1 JDK 安装及配置

（1）下载 Java 开发工具包 JDK，下载地址：http://www.oracle.com/

1－1 安装 JDK

technetwork/java/javase/downloads/index.html，进入如图 1-1 所示的下载界面，根据自己的系统选择合适的 JDK。

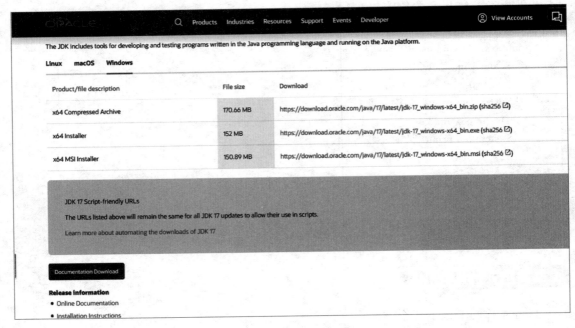

图 1-1　JDK 下载界面

本书下载的是 Windows 系统下使用的 jdk-17_windows-x64_bin.exe。

（2）双击下载的 jdk-17_windows-x64_bin.exe，即可进入 JDK 的安装向导界面，如图 1-2 所示。

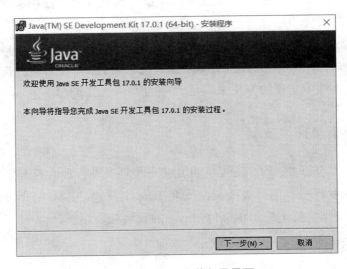

图 1-2　JDK 安装向导界面

（3）单击"下一步"按钮，进入 JDK 安装提示界面，如图 1-3 所示。

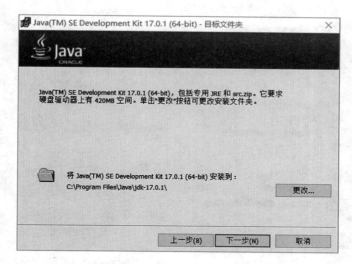

图 1-3 JDK 安装提示界面

（4）弹出如图 1-4 所示的界面，表示 JDK 安装成功，单击"关闭"按钮即可。

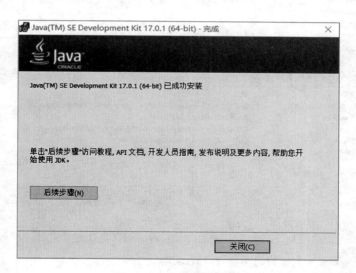

图 1-4 JDK 安装成功

（5）安装完成后，对操作系统的环境变量进行设置。在桌面右击"我的电脑"，在弹出的快捷菜单中选择"属性"→"高级系统设置"，弹出"系统属性"对话框，切换到"高级"选项卡，如图 1-5 所示。

（6）单击"环境变量"按钮，打开"环境变量"对话框，如图 1-6 所示。

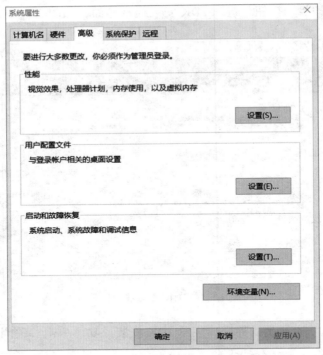

图 1-5 "系统属性"对话框

图 1-6 "环境变量"对话框

（7）在"环境变量"对话框中单击"系统变量"栏下方的"新建"按钮，在弹出的"新建系统变量"对话框中输入如图 1-7 所示的内容，然后单击"确定"按钮。

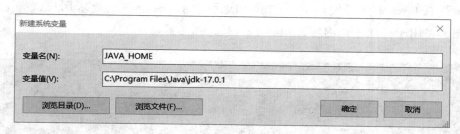

图 1-7 "新建系统变量"对话框

（8）用同样的方法新建系统变量"CLASSPATH"，其变量值为".;%JAVA_HOME%\lib"，如图 1-8 所示，然后单击"确定"按钮。

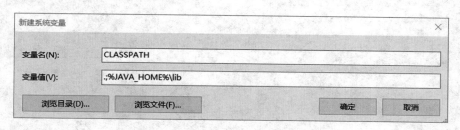

图 1-8 新建系统变量"CLASSPATH"

（9）在"环境变量"对话框的"系统变量"栏中选择 Path 路径，用于安装路径下识别 Java 命令。单击其下方的"编辑"按钮，弹出"编辑系统变量"对话框，在当前变量值的基础上增加";%JAVA_HOME%\bin"，如图 1-9 所示。

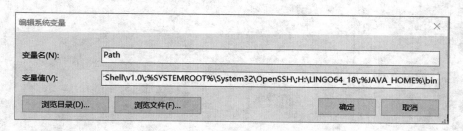

图 1-9 编辑 Path 系统变量

（10）配置好 JDK 后，在"开始"菜单中选择"运行"，打开 DOS 窗口。在 DOS 窗口中分别输入 java 命令和 javac 命令，若看到如图 1-10 和图 1-11 所示的提示信息，则说明安装正确，否则需要重新配置环境变量。

1.4.2　Eclipse 下载及安装

Eclipse 是一个开放源代码的、基于 Java 的可扩展开发平台。

1-2　安装 Eclipse

可在 Eclipse 的官方网站 http://www.eclipse.org 下载。这里以 eclipse-inst-jre-win64.exe
版本为例。单击 eclipse-inst-jre-win64.exe，进行一键式安装，如图 1－12 所示。安装完
成后，运行 Eclipse 集成开发环境。在第一次运行时，Eclipse 会要求用户选择工作空间
（workspace），用于存储工作内容，如图 1－13 所示。

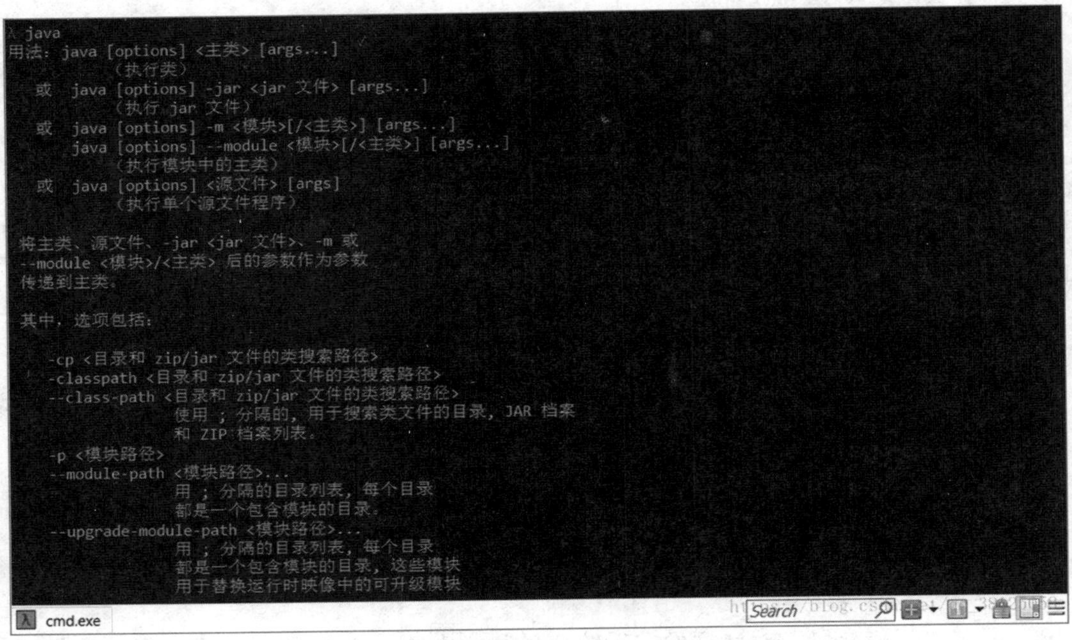

图 1－10　java 命令提示信息

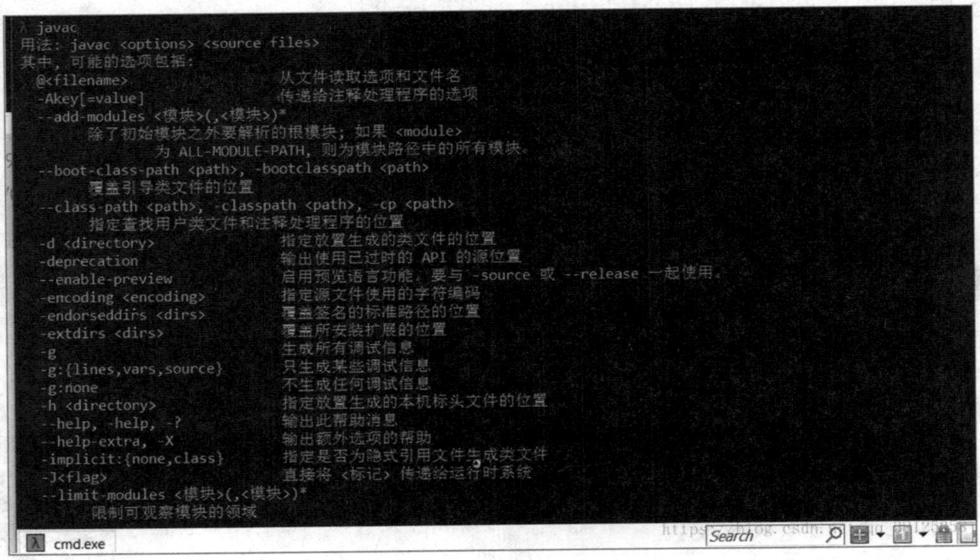

图 1－11　javac 命令提示信息

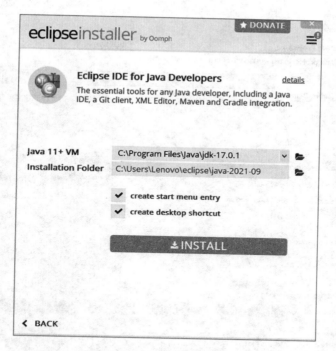

图 1 - 12　Eclipse 安装界面

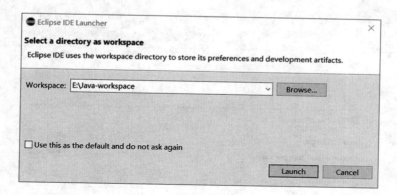

图 1 - 13　选择工作空间

1.4.3　Eclipse 环境下运行 Java 程序的方法

1. 新建 Java 项目

选择"File"→"New"→"Java Project",新建一个 Java 项目并命名为 Demo,如图 1 - 14 所示。

2. 新建 Package 文件

在 Eclipse 环境中的"Package Explorer"中右击,选中"Demo"下的"src",然后选择"New"→"Package",在 src 文件夹中新建名为 test01 的包,如图 1 - 15 所示。

1 - 3　创建 Java

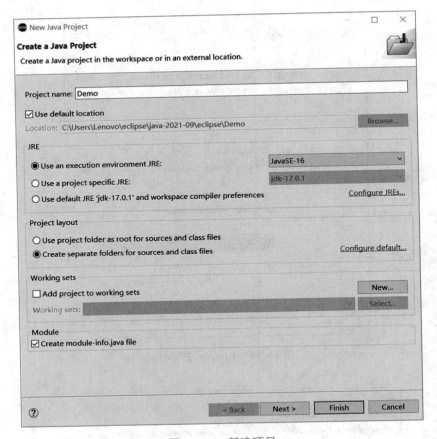

图 1 - 14   新建项目

图 1 - 15   新建包

3. 新建 class 类文件

在 Eclipse 环境中的“Package Explorer”中右击，选中“Demo”下的“src”中的“test01”，然后选择“New”→“class”，新建名为 MyFirstJava 的类，勾选“public static void main(String[] args)”复选框，单击“Finish”按钮，如图 1-16 所示。

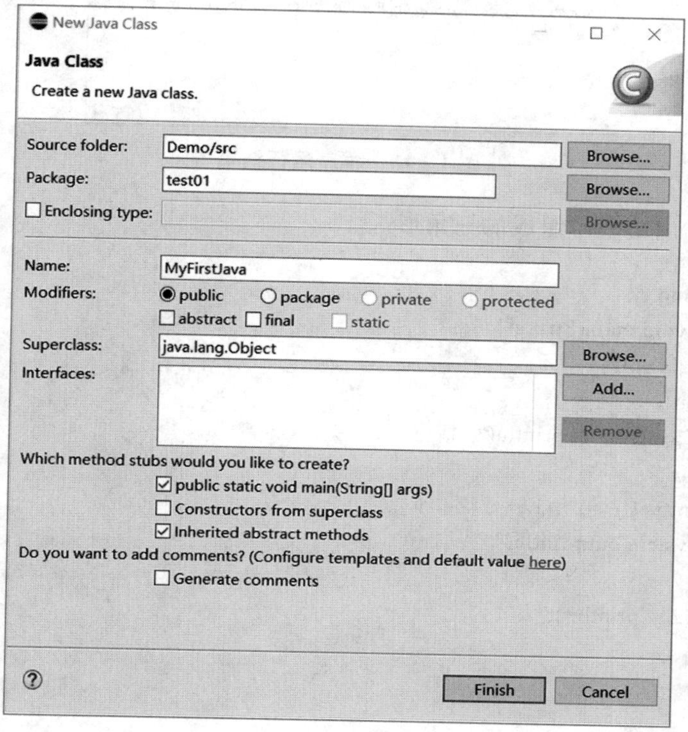

图 1-16　新建类

4. 编译 Java 程序

系统会根据用户的选择自动创建并生成一些程序代码，用户可在 main() 方法中加入功能代码，如图 1-17 所示。编译完成后，保存程序。如有错误，Eclipse 会提示错误信息。

MyFirstJava.java

```java
package test01;

public class MyFirstJava {

    public static void main(String[] args) {
        System.out.println("Hello, world!");

    }

}

```

图 1-17　编写代码

5. 运行程序

单击工具栏上的 ⏺▾ "Run" 按钮，即可在控制台上输出 MyFirstJava 的结果，如图 1−18 所示。

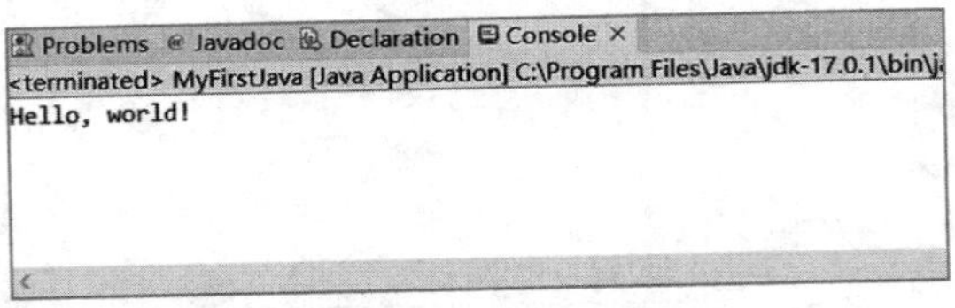

```
🔲 Problems  @ Javadoc  📄 Declaration  🔲 Console  ×
<terminated> MyFirstJava [Java Application] C:\Program Files\Java\jdk-17.0.1\bin\j.
Hello, world!
```

图 1−18　程序运行结果

【实例 3】　输出由星号组成的三角形。

```java
public class Demo {
    public static void main(String[] args) {
        for(int i=1;i<=6;i++){
            for(int j=6;j>i;j--){
                System.out.println(" ");
            }
            for(int j=1;j<=2*i-1;j++){
                System.out.println("*");
            }
        System.out.println();
        }
    }
}
```

技能检测

一、简答题

1. 简述 Java 的特点。

2. 简述 Java 的应用领域。

二、操作题

使用 JDK、Eclipse 搭建 Java 开发环境。

单元 ❷
Java 语言基础

📖 | 单元导读

　　数据处理是程序设计的主要目的之一。本单元将介绍 Java 语言中的数据运算与处理方法，包括各种数据类型、常量和变量的使用方法，各种运算符和表达式的使用方法，多种运算符的优先级。

📚 | 学习目标

　　✓ 掌握 Java 语言的数据类型。
　　✓ 掌握常量和变量的定义及使用方法。
　　✓ 掌握各种运算符及表达式的使用方法。
　　✓ 掌握运算符的优先级。

📕 | 课程思政目标

　　随着计算机技术的发展，各种计算机语言广泛应用于各行各业，并发挥着重要的作用。同学们在学习计算机语言时，要有意识地加强思想政治素质的培养，将所学知识应用到正确的领域，打造优质的软硬件产品，实现造福大众的目的。

2.1 数据类型

在 Java 语言中，数据类型通常分为基本数据类型和引用数据类型两大类，具体如图 2－1 所示。

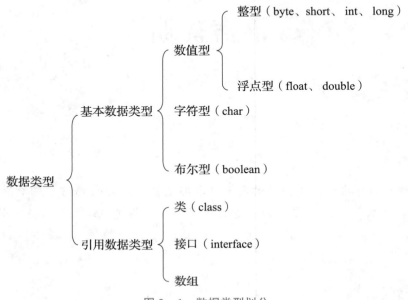

图 2－1   数据类型划分

基本数据类型用于描述计算机中基础数据的值的类型。基本数据类型包括数值型、字符型（char）和布尔型（boolean）。数值型又包括整型和浮点型。整型分为字节整型（byte）、短整型（short）、整型（int）和长整型（long）。浮点型分为单精度（float）浮点型和双精度（double）浮点型。

引用数据类型是指由多个值构成的一个复杂类型，如学生的信息、火车的车次等。所以引用数据类型可以理解为对某个对象的引用，对象分为实例和数组。引用数据类型包括类、接口、数组和 null 类型。

基本数据类型所占空间、描述及数值范围见表 2－1。

表 2－1   Java 基本数据类型

类型	所占空间	描述	数值范围
byte	1 字节	字节整型，存储以字节为单位的数据	-2^7（－128）～ 2^7-1（127）
short	2 字节	短整型，存储范围较小的数据	-2^{15}（－32768）～ $2^{15}-1$（32767）
int	4 字节	整型，存储范围较大的数据	-2^{31}（－2147483648）～ $2^{31}-1$（2147483647）

续表

类型	所占空间	描述	数值范围
long	8 字节	长整型，存储海量数据	-2^{63}（−9223372036854775808）～ $2^{63}-1$（9223372036854775807）
float	4 字节	单精度浮点型，存储有小数的数据，有效的小数位数为 7 位	−3.403E38 ～ 3.403E38
double	8 字节	双精度浮点型，存储有小数的大型数据	−1.798E308 ～ 1.798E308
char	2 字节	字符型，存储英文字母、特殊字符或一个汉字	—
boolean	1 个二进制位	布尔型，存储 true 或 false 这两种状态	—
null	不占内存	表示不引用对象	

2.1.1 整型数据及类型

整型包括 byte、short、int 和 long 共 4 种类型，其中，int 为最常用的整型。

Java 语言的整型数据有以下 4 种表示形式：

（1）十进制整数，如：26、−39、0 等。

（2）二进制整数，开头用 0b 或 0B 来标识，如 0B1011。

（3）八进制整数，开头用 0 来标识，如：026。

（4）十六进制整数，开头用 0x 或 0X 来标识，如：0x36。

2.1.2 浮点型数据及类型

Java 语言中，浮点型数据的表示形式有以下两种：

（1）十进制形式：使用该表示形式的数必须有小数点，如：0.569、5.69、56.9。

（2）科学计数法形式：5.69e2、5.69E2、569e2。

Java 语言中，浮点型数据默认为 double 类型，如 5.69 的数据类型为 double。如果需定义 float 类型的数据，则需要在该数据后面加上 f 或 F，如：5.69f 或 5.69F。

2.1.3 字符型数据及类型

字符型数据表示的就是通常意义下的"字符"，且需要用单引号将字符括起来，如：'a'、'! '、'\n'。Java 语言中，字符采用 Unicode 编码，通常用十六进制编码的形式来表示。存储字符型数据时，并不是将该字符的字形放到内存中，而是将该字符的 ASCII 码存到存储单元中，因此字符型数据和整型数据之间通用，可以参与加、减、乘、除算术运算，也可以进行比较运算。如：'A'+2 的和为 67，'b'>'a'。

除了普通的字符之外，还有一种特殊的字符——转义字符。转义字符的表示形式为反斜杠"\"加上某种字符，用于表示常见的不显示的字符，如换行、空格、制表符等。Java 语言中常用的转义字符及描述见表 2-2，注意表中为反斜杠"\"，不同于斜杠"/"。

表 2-2　Java 语言中常用的转义字符及描述

转义字符	描述	ASCII 码值（十进制）
\f	换页（FF），将当前位置移到下一页开头	012
\n	换行（LF），将当前位置移到下一行开头	010
\r	回车（CR），将当前位置移到本行开头	013
\t	水平制表（HT），跳到下一个 TAB 位置	009
\v	垂直制表（VT）	011
\\	表示一个反斜杠字符"\"	092
\'	表示一个单引号字符"'"	039
\"	表示一个双引号字符"″"	034
\0	空字符（NULL）	000
\?	表示问号	063
\ddd	1～3 位八进制数 ddd 所代表的字符	3 位八进制

2.1.4　布尔型数据及类型

布尔型数据只有两个值：true 和 false。其适用于逻辑运算，在程序流程控制语句 if、while、for 及三目运算符中应用较多。如：学生通过某门考试为 true，不通过为 false。布尔型数据不能与其他类型的数据相互转换及运算。

2.2　常量与变量

2.2.1　标识符、关键字

在 Java 程序中，用来标识变量、类和方法的字符序列称为标识符。Java 语言的标识符必须以字母或下划线（_）或美元符号（$）开头，后面可跟若干个字母（包含英文字母、中文字符或日文字符等）、数字、下划线（_）、美元符号（$），不能包含空格，且字母区分大小写。通常情况下，变量名要简短，且能够表达变量意义。通常，变量名中的第一个单词的首字母小写，其后的单词的首字母大写。

在 Java 语言中具有特定意义、专门用作语言特定成分的字符串称为关键字或保留字。标识符不能使用 Java 关键字，但可包含关键字。Java 关键字见表 2-3。

表 2-3 Java 关键字

类别	关键字	含义
访问控制	private	一种访问控制方式。私用模式，可以应用于类、方法或字段（在类中声明的变量）的访问控制修饰符
	protected	一种访问控制方式。保护模式，可以应用于类、方法或字段（在类中声明的变量）的访问控制修饰符
	public	一种访问控制方式。共用模式，可以应用于类、方法或字段（在类中声明的变量）的访问控制修饰符
类、方法和变量修饰符	abstract	表明类或者成员方法具有抽象属性。用于修改类或方法
	class	声明一个类。用来声明新的 Java 类
	extends	表明一个类型是另一个类型的子类型。对于类，可以是另一个类或者抽象类；对于接口，可以是另一个接口
	final	用来说明最终属性，表明一个类不能派生出子类，或者成员方法不能被覆盖，或者成员域的值不能被改变，用来定义常量
	implements	表明一个类实现了给定的接口
	interface	接口
	native	用来声明一个方法是由与计算机相关的语言（如 C/C++/FORTRAN 语言）实现的
	new	用来创建新实例对象
	static	表明具有静态属性
	strictfp	用来声明 FP_strict（单精度或双精度浮点数）表达式遵循 IEEE 754 算术规范
	synchronized	表明一段代码需要同步执行
	transient	声明不用序列化的成员域
	volatile	表明两个或者多个变量必须同步发生变化
程序控制	break	提前跳出一个块
	continue	回到一个块的开始处
	return	从成员方法中返回数据
	do	用在 do…while 循环结构中
	while	用在循环结构中
	if	条件语句的引导词
	else	用在条件语句中，表明当条件不成立时的分支
	for	一种循环结构的引导词
	instanceof	用来测试一个对象是否是指定类型的实例对象
	switch	分支语句结构的引导词
	case	用在 switch 语句之中，表示其中的一个分支
	default	默认，例如用在 switch 语句中，表明一个默认的分支

续表

类别	关键字	含义
错误处理	try	尝试一个可能抛出异常的程序块
	catch	用在异常处理中。用于捕捉异常
	throw	抛出一个异常
	throws	声明在当前定义的成员方法中所有需要抛出的异常
包相关	import	表明要访问指定的类或包
	package	包
基本类型	boolean	基本数据类型之一，布尔类型
	byte	基本数据类型之一，字节类型
	char	基本数据类型之一，字符类型
	double	基本数据类型之一，双精度浮点数类型
	float	基本数据类型之一，单精度浮点数类型
	int	基本数据类型之一，整数类型
	long	基本数据类型之一，长整数类型
	short	基本数据类型之一，短整数类型
	null	空，表示无值，不能将 null 赋给原始类型（byte、short、int、long、char、float、double、boolean）变量
	true	真，boolean 变量的两个合法值之一
	false	假，boolean 变量的两个合法值之一
变量引用	super	表明当前对象的父类型的引用或者父类型的构造方法
	this	指向当前实例对象的引用。用于引用当前实例
	void	声明当前成员方法没有返回值。可以用作方法的返回类型，以指示该方法不返回值
保留字	goto	保留关键字，没有具体含义
	const	保留关键字，没有具体含义，是一个类型修饰符，使用 const 声明的对象不能更新

2.2.2 常量的定义和使用

在程序运行过程中，其值不能被改变的量称为常量。常量也分为不同的类型，如整型常量 26、-58、0；浮点型常量 3.14、-5.69f；字符型常量 'a'、'2'；等等。

2.2.3 变量的定义和使用

与常量相对应，变量就是其值可以改变的量。变量用变量名来表示，占据一定的存储单元。在 Java 语言中，一个变量名就代表一个存储地址，当使用某个数据时，就是通过变量名找到相应的内存地址，并从该存储单元中读取数据。

1. 声明变量

声明变量的语法格式如下：

数据类型 变量名 ;

其中，数据类型可以是 Java 语言中的任何一种数据类型。这里，声明变量其实就是根据变量的数据类型在内存中申请了一块存储空间。

例如，要存储学生的姓名、性别和成绩，则可定义如下：

```
String name;
char sex;
float score;
```

2. 给变量赋值

给变量赋值的过程就是将数据存到对应的内存中，语法格式如下：

变量名 = 值 ;

例如，给上述几个变量进行赋值，赋值语句如下：

```
name=" 张三 ";
sex=" 女 ";
score=97.5;
```

也可以在声明变量的同时给变量赋值，语法格式如下：

```
数据类型 变量名 = 值 ;
String name=" 张三 ";
double score=97.5;
char sex=" 女 ";
```

当声明多个变量并为其赋值时，语法格式如下：

```
变量类型 变量名 1= 值 1, 变量名 2= 值 2;
int age=18,age2=19,age3=20;
int age4=18+19;
int age5=age1+age2;
```

3. 调用变量

调用变量就是使用声明并赋值过的变量，即使用变量对应存储空间中的值。而且只有声明和赋值过的变量才能被调用。

例如，输入 name,sex,score 三个变量的值：

```
Syetem.out.println(name);        // 输出变量 name 的值
Syetem.out.println(sex);         // 输出变量 sex 的值
Syetem.out.println(score);       // 输出变量 score 的值
```

4. final 关键字

我们知道变量所对应存储空间中的值是可以被改变的，但是如果想要某个变量初始化后不能被改变，则需要用到 final 关键字。语法格式如下：

```
final 数据类型 变量名 = 值；
final double PI=3.14159265358979323;
```

这时 PI 的值是确定的、不可被改变的，即 PI 就是一个常量。如果程序再对 PI 进行赋值，则报错。这种非数值型的常量要求全部大写。

2.3 运算符和表达式

Java 语言中的运算符包括算术运算符、关系运算符、逻辑运算符、位运算符、赋值运算符、条件运算符。将运算对象及运算符通过某种语法连接起来即可构成表达式。

2.3.1 算术运算符和算术表达式

算术运算符包括 +、-、*、/、%、++、--，见表 2-4。

表 2-4 算术运算符

类别	运算符	操作	示例
一元运算	+	取正	+6
	-	取负	-6
	++	自增	i++
	--	自减	i--
二元运算	+	加	i+j
	-	减	i-j
	*	乘	i*j
	/	除	i/j
	%	求余	i%j

应用算术运算符时应注意以下几项：

（1）运算符 ++ 和 -- 既可以放在变量之前也可以放在变量之后，但意义不同。当运算符放在变量之后，先取变量的值进行运算，再对变量加 1 或减 1；当运算符放在变量之前，则先对变量进行加 1 或减 1 运算，再取变量的值。

```
int i=5;
int j=i++;
// 先取 i 的值 5 赋给变量 j，变量 i 再加 1，即 i=i+1，变量 i 的值为 6
int k=++i;
// 变量 i 先加 1，即 i=i+1，变量 i 的值为 6，再取变量 i 的值 6 赋给变量 j
```

（2）两整数相除，结果为整数；被除数和除数中有一个为负时，结果"向零取整"。

（3）求余运算符 % 的两侧必须为整数，结果的符号与被除数一致。

（4）进行算术运算时，+、− 的优先级小于 *、/、%。若在运算过程中需要改变运算顺序，可使用括号调整。

```
int i=2;
int j=2+3*i;          // 运算结果为 8
int j=(2+3)*i;        // 运算结果为 10
```

（5）数据类型的转换。

数据类型所表示范围的大小顺序为：byte<int<long<float<double。当参与运算的数据类型不同时，Java 先将表达式中精度较低的数据类型转换为精度较高的数据类型再进行运算。例如：

```
int i;float j;double k;
r=i+j+k;              // i 和 j 自动转换为 double 类型
```

若需要得到特定数据类型的结果，则可以手动强制进行类型转换，但将精度高的数据类型转换为精度低的数据类型时，可能会造成数据丢失。强制类型转换举例如下：

```
i+(int)j+(int)k;      // 将 j 和 k 的数据类型强制转换为 int
```

【实例 1】 输出一个三位数的各个数位的值，写出其表达式。

```
求百位数字：num/100;
求十位数字：num/10%10;
求个位数字：num%10;
```

2.3.2 关系运算符和关系表达式

关系运算符包括 >、<、==、>=、<=、!=，用于比较两个数之间的大小，结果为逻辑值，即"真"（值为 1）或"假"（值为 0）。关系运算符及其含义见表 2 - 5。

表 2-5 关系运算符及含义

类别	运算符	运算含义	优先级
二元运算符	<	小于	优先等级相同（高）
	>	大于	
	<=	小于等于	
	>=	大于等于	
	==	等于	优先等级相同（低）
	!=	不等于	

用关系运算符将两个数值或表达式连接起来的式子叫作关系表达式。例如：

2<3 这个表达式是成立的，所以结果为"真"，即为 1。

2==3 这个表达式是不成立的，所以结果为"假"，即为 0。

```
a+2>b    等同于（a+2）>b
a=b<c    等同于 a=（b<c）
a==b>c   等同于 a==b>c
```

2.3.3 逻辑运算符和逻辑表达式

逻辑运算符的作用是对操作数进行逻辑操作。逻辑运算符见表 2-6。

表 2-6 逻辑运算符

类别	运算符	含义	优先级
二元运算符	!	非运算	1
	&&	与运算	2
	||	或运算	3

用逻辑运算符将两个数值或表达式连接起来的式子叫作逻辑表达式。规定运算对象及运算结果：非零为真，零为假。运算对象为非零时全部按 1 处理。逻辑运算规则见表 2-7。

表 2-7 逻辑运算规则

a	b	!a	a&&b	a||b
非 0（真）	非 0（真）	0（假）	1（真）	1（真）
非 0（真）	0（假）	1（真）	0（假）	1（真）
0（假）	非 0（真）	0（假）	0（假）	1（真）
0（假）	0（假）	1（真）	0（假）	0（假）

【实例 2】 判断某年是否为闰年，写出判断表达式。

year%4==0&&year%100!=0

2.3.4 位运算符

2-1 逻辑运算符的应用

Java 语言中，将整形数据和字符型数据转换成二进制后，便可以进行位运算。位运算符见表 2-8。

表 2-8 位运算符

类别	运算符	含义	结合方向	优先级
一元运算符	～	按位取反	从右至左	1
二元运算符	<< >>	按位左移 按位右移	从左至右	2
	&	按位与运算		3
	^	按位异或运算		4
	|	按位或运算		5

（1）求反运算规则为：

～0=1，～1=0

（2）按位与运算规则为：

0&0=0，0&1=0，1&0=0，1&1=1

（3）按位或运算规则为：

0|0=0，0|1=1，1|0=1，1|1=1

（4）按位异或运算规则为：

0^0=0，0^1=1，1^0=1，1^1=0

（5）按位左移 << 运算规则为：

将运算符 << 左边的二进制形式数的所有二进制位左移指定位数，高位移出的位丢弃，低位补 0。每左移一位，该数就扩大为原来的 2 倍。

（6）按位右移 >> 运算规则为：

将运算符 >> 左边的二进制形式数的所有二进制位右移指定位数，低位移出的位丢弃，高位补 0。每右移一位，该数就缩小为原来的 1/2。

2.3.5 赋值运算符和赋值表达式

1. 赋值运算符

赋值运算符的作用就是给变量赋值。在 Java 语言中，为了简化一些常用表达式的书写，还可以将赋值运算符与其他运算符组合构成复合运算符，见表 2-9。

表 2-9　赋值运算符

运算符	用法	等价于	说明
+=	s+=i	s=s+i	s、i 是数值型
-=	s-=i	s=s-i	
*=	s*=i	s=s*i	
/=	s/=i	s=s/i	
%=	s%=i	s=s%i	
&=	a&=b	a=a&b	a、b 是 boolean 或 int
|=	a|=b	a=a|b	
^=	a^=b	a=a^b	
<<=	a<<=b	a=a<<b	
>>=	s>>=i	s=s>>i	s、i 是 int
>>>=	s>>>=i	s=s>>>i	

2. 赋值表达式

赋值表达式就是将运算对象和赋值运算符结合起来的式子。语法格式如下：

变量 = 表达式；

如：x=i+j；

i+=2;　　　　// 等价于 i=i+2；

注意：赋值运算符的左边只能是变量，不能是表达式或常量。

2.3.6　条件运算符和条件表达式

条件运算符"?:"由两个字符组成，是三目运算符，即要求有 3 个操作数。因其功能与条件语句类型，所有又叫作条件运算符。语法格式如下：

a1?a2:a3

其中，a1、a2、a3 都是表达式。该表达式的含义为：先计算 a1 的值，如果 a1 的值为真（1 或非 0），则整个表达式的值为 a2 的值；如果 a1 的值为假（0），则整个表达式的值为 a3 的值。

例如：

```
int i=1;j=2;
a=i<j?j:i;
// 如果 i<j，那么 a 的值为 j 的值，否则 a 的值为 i 的值。由于 1<2，所以 a 的值是 2。
```

【实例 3】 使用条件运算符求两个数的最大值，写出表达式。

(x>y)x:y;

2.3.7 运算符的优先级和结合性

当一个表达式含有多种运算符时，就要按照运算符的优先级由高到低依次执行。除了之前所学习的相同种类运算符的优先级，表 2-10 列出了不同种类运算符的优先级。

表 2-10 不同种类运算符的优先级

运算符	优先级
！（非）	高
算术运算符	
关系运算符	
&& 和 ||	
赋值运算符	低

2.4 单元实训

【实训 1】 自增（减）运算符在变量前后区别的验证
编写程序验证自增（自减）运算符在变量前后的区别。
实训分析：为了验证自增（自减）运算符在变量前后的区别，可以声明两个变量 a 和 b 并赋值，然后进行 a++ 和 ++b 运算，观察运算结果及变量 a 和 b 的值的变化。

2-2 自增（自减）运算符在变量前后区别的验证

```
public class MyClass {
    public static void main(String[] args) {
        int a=2,b=3;
        x=a++;
        y=++b;
    System.out.println("a="+a,"x="+x,"b="+b,"y="+y);
    }
}
```

【实训 2】 条件运算符的应用
某学校规定考试成绩在 70 分以上标记为 A，否则标记为 B。
实训分析：成绩是否在 70 分以上决定了标记结果，即判断条件，因此可以用条件运算符来实现成绩的判断，从而确定标记结果。

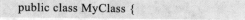

```
public class MyClass {
```

2-3 条件运算符的应用

```
public static void main(String[] args) {
    int a=86;
    char x='A';
    char y='B';
    System.out.println((a>=70)?x:y);
  }
}
```

技能检测

一、选择题

1. 以下选项中，不能作为 Java 标识符的是（　　　）。
   A. 12　　　　　　　B. a2　　　　　　　C. sc_9　　　　　　　D. _9c

2. 以下选项中，声明不合法的是（　　　）。
   A. int a;　　　　　B. double x;　　　　C. default String s;　D. float c;

3. 以下选项中，不是 Java 保留字的是（　　　）。
   A. if　　　　　　　B. null　　　　　　C. sizeof　　　　　　D. private

4. 以下选项中，不属于 Java 基本数据类型的是（　　　）。
   A. 字符型　　　　　B. 整型　　　　　　C. 数组　　　　　　　D. 浮点型

5. 以下选项中，是合法标识符的是（　　　）。
   A. −3　　　　　　　B. 5class　　　　　C. _blank　　　　　　D. void

6. 以下选项中，不能定义为用户标识符的是（　　　）。
   A. sizeof　　　　　B. _int　　　　　　C. _56　　　　　　　D. Main

7. 以下选项中，错误的是（　　　）。
   A. int i=0;　　　　B. char c='c';　　　C. float a=0.3;　　　D. String s='abc';

8. 执行语句"i=7/4"后，i 的值为（　　　）。
   A. 1　　　　　　　　B. 3　　　　　　　　C. 7　　　　　　　　D. 4

9. 以下语句中，不正确的是（　　　）。
   A. int a=10;　　　　B. String c='a';　　C. String s="hello";　D. float a=1;

10. 定义 short a=23;long j=52; 则下列选项错误的是（　　　）。
    A. i=j;　　　　　　B. j=i;　　　　　　C. j=(long)i;　　　　D. i=(short)j;

二、编程题

1. 编写程序输出"我是一名 Java 爱好者！"。

2. x 的初始值为 3.6，y 的初始值为 7，编写程序实现表达式"x+y%3−(2x+y)"的值。

3. 编写程序输出实型变量 a 的整数部分和小数部分。

单元 ③

顺序结构程序设计

单元导读

本单元主要介绍了程序的 3 种控制结构，即顺序结构、选择结构和循环结构，重点介绍了顺序结构的程序设计流程，通过实训讲解帮助读者深刻理解顺序结构并掌握顺序结构的使用方法。

学习目标

✓ 了解程序的 3 种控制结构。
✓ 掌握输入输出语句的使用方法。
✓ 掌握顺序结构程序设计流程。

课程思政目标

顺序结构是最常用、最简单的程序结构之一，可根据所要实现的目标有条理、有逻辑地完成每一步操作。就像我们的思想的成长，要以爱党爱国、敬业奉献为目标，在平时的学习和工作中不断充实自己，提升正能量，一步一个脚印向着目标迈进。

3.1 程序的3种控制结构

程序的3种控制结构包括：顺序结构、选择结构、循环结构。将这3种结构组合应用，可以构成复杂的程序。

3.1.1 顺序结构

顺序结构是最常用且最简单的程序结构之一。该结构的执行顺序是按照程序语句从上至下依次进行，因此按照执行顺序编写程序即可。顺序结构流程图如图3-1所示。

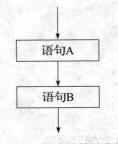

图3-1 顺序结构流程图

例如：交换变量a和b的值，其中a=2，b=3。这时，需要一个新的变量c，首先将a的值赋给c，即c=a，然后将b的值赋给a，即a=b，最后将c的值赋给a，即a=c，实现变量a和b的值的交换。语句按照执行顺序书写为：

```
c=a;
a=b;
a=c;
```

3.1.2 选择结构

选择结构又叫分支结构，是根据给定的条件选择执行的操作。如果条件满足则执行操作A，不满足则执行操作B。选择结构流程图如图3-2所示。

3.1.3 循环结构

程序首先判断循环条件，若结果为真，则执行循环体并再次判断循环条件，若结果为真，继续重复上述操作，直到循环条件为假时，结束循环。循环结构流程图如图3-3所示。

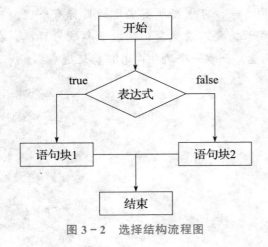

图3-2 选择结构流程图

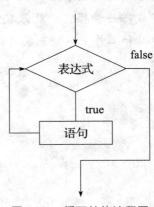

图3-3 循环结构流程图

3.2　基本的输出和输入语句

用户在编写或运行程序时需要通过标准的输入设备（默认为键盘）和输出设备（默认为显示器）与程序进行交互。System.out 类可帮助用户实现人机交互，它是标准输出类，用于程序输出并向用户显示信息。

3.2.1　基本输出语句

Java 语言中有如下 3 种常用的输出语句：

```
System.out.print();
System.out.println();
System.out.printf();
```

System.out.print() 和 System.out.println() 是 Java 语言中两个常用的输出语句，这两个语句都会将括号中的内容转化为字符串并输出到控制台。如果输出为基本数据类型，则自动转换为字符串；如果输出的是一个对象，则会自动调用 toString() 方法，同时将返回值输出到控制台。二者的区别在于语句 System.out.print() 输出后不换行，而语句 System.out.println() 输出后换行。

输出语句的格式如下：

```
System.out.println( 数值常量 );
System.out.println(" 字符串常量 ");
System.out.println( 布尔常量 );
System.out.println( 数值常量 | 变量 + 数值常量 | 变量 );
System.out.println( 字符串常量 | 变量 + 数值常量 | 变量 );
System.out.println( 字符串常量 | 变量 + 表达式 );
```

输出语句 System.out.print() 的格式与 System.out.println() 相同。

语句 System.out.printf() 的使用方法可参照 C 语言中 printf() 的格式，这里不再赘述。

【实例 1】　交换两个变量的值。

```
public class MyClass1 {
    public static void main(String[] args) {
        int a=2,b=3,c;
        c=a;
        a=b;
        b=c;
        System.out.println("a="+a,"b="+b);
    }
}
```

3.2.2 基本输入语句

程序应能够对不同的数据进行处理，即允许用户输入数据，并得出相应的输出。Java 语言中，输入时使用的工具是 System.in，代表计算机的键盘。同时需使用 java.until.Scanner 工具包的 Scanner 类，程序才可以对键盘上的输入数据进行类型控制。定义 Scanner 对象 sc 的方法如下：

Scanner sc= Scanner(System.in);

Scanner 类的使用说明见表 3 − 1。

表 3 − 1　Scanner 类的使用说明

Scanner 的方法	示例	说明
nextInt()	int a=in.nextInt()	输入一个整型数据，回车结束
nextDouble()	double a=in.nextDouble()	输入一个小数数据，回车结束
next()	String s=in.next()	输入一个字符串，回车结束，不同字符串之间用空格隔开
nextLine()	String s=in.nextLine()	输入一个字符串，回车结束，空格作为普通字符
nextByte()	byte a=in.nextByte()	输入一个字节数据，回车结束
nextShort()	short a=in.nextShort()	输入一个 short 型数据，回车结束
nextLong()	long a=in.nextLong()	输入一个 long 型数据，回车结束
nextFloat()	float a=in.nextFloat()	输入一个 float 型小数，回车结束
nextBoolean()	boolean a=in.nextBoolean()	输入一个 boolean 型数据，回车结束

3.3　顺序结构程序设计

顺序结构可以独立构成一个完整的程序，如常见的输入、计算、输出顺序结构；也可以与选择结构或循环结构组合在一起构成一个复杂的程序。顺序结构程序按照程序书写顺序来执行。如果程序中有语句 A 和语句 B 两条语句，且"语句 A; 语句 B;"为其书写顺序，那么执行顺序和书写顺序相同，也是先执行语句 A，再执行语句 B。

【实例 2】 输入半径，求圆的周长与面积。

```
import java.util.Scanner;
public class Demo2 {
    public static void main(String[] args) {
        final double PI=3.14;
        double r,c,s;
```

```
        System.out.println(" 请输入圆的半径 r=");
        Scanner input=new Scanner(System.in);
        r=input.nextDouble();
        c=2*PI*r;
        s=PI*r*r;
        System.out.println(" 圆的周长 c="+c);
        System.out.println(" 圆的面积 s="+s);
    }
}
```

3.4 单元实训

【实训 1 】 浮点型变量的算术运算

求两个浮点型变量的和（差、积、商）。

实训分析：想要求两个变量的和（差、积、商），使用顺序结构程序设计流程即可，同时要注意输入、输出语句的使用。

3－1 浮点型
变量的算术运算

```
import java.util.Scanner;
public class Test {
    public static void main(String[] args) {
        Scanner sc=new Scanner(System.in);
        System.out.print(" 请输入第一个变量的值： ");
        float x=sc.nextFloat();
        System.out.print(" 请输入第二个变量的值： ");
        float y=sc.nextFloat();
        System.out.println(" 和为 : "+(x+y));
        System.out.println(" 和为 : "+(x-y));
        System.out.println(" 和为 : "+(x*y));
        System.out.println(" 和为 : "+(x/y));
    }
}
```

【实训 2 】 球体积的计算

根据给定半径计算出球的体积。

实训分析：想要求给定半径的球的体积，使用顺序结构程序设计流程即可，同时要注意输入、输出语句的使用。

3－2 球体积的计算

```
import java.util.Scanner;
public class Test {
    public static void main(String[] args) {
        double r,v;
```

```
        Scanner sc=new Scanner(System.in);
        System.out.print(" 请输入球的半径：");
        r=sc.nextDouble();
        v=3.14159*4/3*r*r*r;
        System.out.println(" 球的体积为：" +v);
    }
}
```

技能检测

一、选择题

1. 不属于 Java 程序的 3 种控制结构的是（　　）。

　A. 数据结构　　　　　B. 顺序结构　　　　　C. 选择结构　　　　　D. 循环结构

2. 下列程序的运行结果是（　　）。

```
public class Test1 {
    public static void main(String[] args) {
        System.out.print(7%3);
    }
}
```

　A. 2　　　　　　　　B. 1　　　　　　　　C. 4　　　　　　　　D. 3

3. 下列程序的运行结果是（　　）。

```
public class Test1 {
    public static void main(String[] args) {
        int x=6;
        System.out.print(x);
        System.out.print(--x);
        System.out.print(x++);
    }
}
```

　A. 655　　　　　　　B. 656　　　　　　　C. 667　　　　　　　D. 666

4. 下列程序的运行结果是（　　）。

```
public class Test1 {
    public static void main(String[] args) {
        System.out.print(-5/3);
        System.out.print(-5%3);
    }
}
```

    A. 1,−2   B. −1,−2   C. −2,−2   D. −1,2

5. int x=3,y=4,z=5;。下列表达式为真的是（   ）。

    A. x>y||y>x   B. x>y&&z>y   C. x<y&&z<y   D. x>y||y>z

6. 下列程序的运行结果是（   ）。

```
public class Test1 {
    public static void main(String[] args) {
        int x=5;
        z=x--;
        System.out.print(x);
        System.out.print(z);
    }
}
```

    A. 4,4   B. 4,5   C. 5,5   D. 5,4

7. 创建 Scanner 类对象 in，可以从键盘读取数据的语句是（   ）。

    A. Scanner in=Scanner();

    B. Scanner in=Scanner(System.out);

    C. Scanner in=Scanner(System.in);

    D. Scanner in=scanner(System.in);

8. 以下语句中，可以导入 Scanner 类的语句是（   ）。

    A. import java.util.Scanner;   B. import java.io.*;

    C. import java.long.*;   D. 不需要导入

9. 定义 int a;若 in 是 Scanner 类的对象，则读取一个整数并赋值给变量 a 的语句是（   ）。

    A. int a=scan.nextLine();   B. int a=scan.nextDouble();

    C. int a=scan.nextInt();   D. int a=scan.next();

10. 定义 String a;若 in 是 Scanner 类的对象，则读取一行字符串，空格作为普通字符，并赋值给变量 a 的语句是（   ）。

    A. String a=scan.nextLine();   B. String a=scan.next ();

    C. char a=scan.nextLine();   D. char a=scan.nextnext ();

二、编程题

1. 求 76 华氏度对应多少摄氏度。转换公式为：c=(5.0/9)*(f-32);。

2. 求出一年中的第 160 天是第几个星期的第几天。

3-3 华氏度与
摄氏度的转换

单元 ④ 选择结构程序设计

单元导读

　　顺序结构程序的逻辑简单明了，依次执行即可。然而，生活中的很多问题是顺序结构程序解决不了的，需要借助本单元介绍的选择结构程序，主要包括 if 语句，if…else 语句，选择结构的嵌套（if…else if…else 语句嵌套和 if 语句嵌套），以及 switch 语句。本单元将结合实例及实训的讲解帮助读者深刻理解选择结构并掌握选择结构的使用方法。

学习目标

- ✓ 掌握选择结构的概念。
- ✓ 掌握 if 语句和 if…else 语句的使用方法。
- ✓ 掌握选择嵌套语句的使用方法。
- ✓ 掌握 switch 语句的使用方法。

课程思政目标

　　选择结构程序设计是区别于顺序结构程序设计的设计方法，可以解决更为复杂的问题。就像我们需要完成某件事时，要进行统筹规划，针对不同的情况，提出相应的解决方案，最终使问题得到有效解决。为此，我们要学习以马克思主义矛盾观来看待问题，纵观全局，提纲挈领，统筹规划。

选择结构程序设计

4.1 if 语句

if 语句根据一个条件来控制程序执行的流程，是单条件分支语句。当表达式的值为真时，即条件满足时，执行 if 后面大括号中的语句块，否则跳过语句块，执行大括号后的语句。语法格式如下：

```
if( 条件表达式 ){
语句块；
}
```

当大括号中只有一个语句时，可以省略大括号。if 选择结构流程图如图 4 – 1 所示。

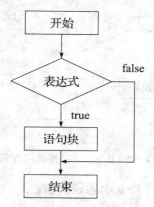

图 4 – 1　if 选择结构流程图

【实例 1】　比较 a 和 b 两个数的大小，并输出较大数。

```java
public class IfDemo {
    public static void main(String[] args) {
        int a=2,b=3,c;
        c=a;
        if(c<b){
            c=b;
        }
        System.out.println("the larger number is: ",+c);
    }
}
```

4.2 if…else 语句

if…else 也是单条件分支语句。语法格式如下：

```
if( 条件表达式 ){
```

```
语句块 1;
}
else{
语句块 2;
}
```

当表达式的值为真时，即条件满足时，执行 if 后面大括号中的语句块 1，否则执行 else 后面大括号中的语句块 2。if…else 选择结构流程图如图 4 - 2 所示。

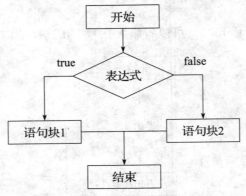

图 4 - 2 if…else 选择结构流程图

【实例 2】 比较并输出变量 a 和 b 中的较大值。

```java
public class IfelseDemo {
    public static void main(String[] args) {
        int a=2,b=3,c;
        if(a>b)
        {
            c=a;
        }
        else
        {
            c=b;
        }
        System.out.println("the larger number is",+c);
    }
}
```

4.3 选择结构的嵌套

选择结构的嵌套包括两种嵌套形式：一种是 if…else if…else 语句嵌套；另一种是 if

语句嵌套。

4.3.1　if…else if…else 语句嵌套

if…else if…else 语句根据多个条件判断程序执行流程，是多条件分支语句。语法格式如下：

```
if( 条件表达式 1){
语句块 1;
}
else if( 条件表达式 2){
语句块 2;
}
…多个 else if
else{
语句块 m;
}
```

当条件表达式 1 的值为真时，执行语句块 1，否则就判断条件表达式 2；当条件表达式 2 的值为真时，执行语句块 2，否则就执行 else 后面大括号中的语句块 m。

【实例 3】　某餐厅会员消费金额在 200 元以下时不打折，200 元（含）至 300 元（含）时打八折，300 元以上时打七折。编写程序计算并输出某次消费的实际支付金额。

```java
public class IfelseifDemo {
    public static void main(String[] args) {
        float x=259, y;
        if(x<200){
            y=x;
        }
        else if(x<=300&&x>=200){
            y=0.8*x;
        }
        else{
            y=0.7*x;
        }
        System.out.println(" 实际支付金额为 ", +y);
    }
}
```

4.3.2　if 语句嵌套

if 嵌套语句与 if…else if…else 语句的作用类似，是多条件分支语句。语法格式如下：

```
if( 条件表达式 1){
```

```
if( 条件表达式 1.1){
语句块 A;
}
else if( 条件表达式 1.2){
语句块 B;
}
…
else{
语句块 C;
}
}
else if( 条件表达式 2){
语句块 D;
}
…
else{
语句块 E;
}
```

程序首先判断表达式 1 的值，如果表达式 1 的值为真，则执行其后大括号中的语句块，即判断表达式 1.1 的值，如果值为真，则执行语句块 1.1，以此类推。如果表达式 1 的值为假，则判断表达式 2 的值，若为真就执行语句块 D，否则执行语句块 E。

4.4 switch 语句

不难看出，if 的嵌套语句可以解决多分支的问题，但是语句较复杂，容易出错，为避免这种情况可以使用 switch 语句。switch 语句又叫作开关语句。语法格式如下：

```
switch( 表达式 ){
case 1: 语句块 1;break;
case 2: 语句块 2;break;
case 3: 语句块 3;break;
…
case m: 语句块 m;break;
default: 语句块 n;break;
}
```

在 swtich 语句中，表达式的值只能是 int、byte、short、char 或枚举型。并且表达式的值要与其后大括号中每一个 case 语句后的常量进行比较，若某个 case 语句后的常量值与表达式的值相同，则执行该 case 语句后面的语句块。若所有的常量值都与表达式的值相同，则执行 default 后面的语句块。当 case 后面的语句块是多条语句时，需要用大括号括起来。

默认情况下，case 语句是贯穿执行的，即当某个 case 语句后的常量值与表达式的值相同时，不再判断其他的条件，而且执行 case 语句后的语句块时只有遇到 break 时才会跳出，因此在每条 case 语句的最后都加上关键字 break。

【实例 4】 根据变量 day 的值判断某天是星期几。

```java
public class SwitchDemo {
    public static void main(String[] args) {
        int day=3;
        switch(day);
        {
        case 1 : System.out.println("Monday"); break;
        case 2 : System.out.println("Tuesday"); break;
        case 3 : System.out.println("Wednesday"); break;
        case 4 : System.out.println("Thursday"); break;
        case 5 : System.out.println("Friday"); break;
        case 6 : System.out.println("Saturday"); break;
        case 7 : System.out.println("Sunday"); break;
        default :System.out.println("Error!");
        }
    }
}
```

4.5 单元实训

【实训 1】 成绩是否达标的判断

某学校规定考试成绩达到 70 分及以上为达标，请根据输入的成绩判断是否达标（用 if 语句实现）。

实训分析：要判断成绩是否达标，就要看成绩达到 70 分及以上的条件是否满足。如果满足，则达标。使用 if 语句即可实现。

4 - 1 成绩是否
达标的判断

```java
import java.util.Scanner;
public class IfAnli {
    public static void main(String[] args) {
        int score;
        Scanner in=new Scanner(System.in);
        System.out.println(" 请输入考试成绩： ");
        score=in.nextInt();
        if(score>=70) {
            System.out.println(" 达标 ");
```

```
        }
      }
    }
```

【实训 2】 奇偶数的判断

用 if…else 语句判断输入的数是奇数还是偶数。

实训分析：我们知道，如果一个数能被 2 整除就是偶数，否则就是奇数。显然属于 if…else 语句的使用范畴，因此用 if…else 语句即可实现。

4－2　奇偶数的判断

```java
import java.util.Scanner;
public class IfelseAnli {
  public static void main(String[] args) {
    int num;
    Scanner in=new Scanner(System.in);
    System.out.println(" 请输入一个整数： ");
    num=in.nextInt();
    if(num%2==0){
      System.out.println(" 偶数 ");
    }
    else{
      System.out.println(" 奇数 ");
    }
  }
}
```

【实训 3】 不同会员消费规则的实现

某餐厅的会员消费规则为：消费 500 元（含）以上打八五折，消费 300 元（含）至 500 元打九折，消费 100 元（含）至 300 元打九五折，消费 100 元以下不打折。某顾客消费 389 元，请设计程序求出其实际付款金额（用 if…else if…else 语句实现）。

实训分析：分析会员消费规则，可知消费金额不同，享受的折扣不同。本实训中的条件符合 if…else if…else 语句的逻辑，采用选择结构进行程序设计。

```java
import java.util.Scanner;
public class IfelseifelseAnli {
  public static void main(String[] args) {
double totalmoney;
double paymoney;
Scanner in=new Scanner(System.in);
System.out.println(" 请输入消费金额： ");
    totalmoney=in.nextDouble();
    if(totalmoney<100&&totalmoney>=0){
```

```
      paymoney=totalmoney;
    }
    else if(totalmoney<300&&totalmoney>=100){
      paymoney=totalmoney*0.95;
    }
    else if(totalmoney<500&&totalmoney>=300){
      paymoney=totalmoney*0.9;
    }
    else if(totalmoney>=500){
      paymoney=totalmoney*0.85;
    }
    else{
      System.out.println(" 实际消费金额为： "+paymoney);
    }
  }
}
```

【实训 4】 成绩等级的判断

某学校规定考试成绩小于 60 分为不及格，大于等于 60 分且小于等于 80 分为及格，大于 80 分且小于 90 分为良好，大于等于 90 分为优秀（满分为 100 分）。请根据输入的成绩判断相应的等级（用 if 嵌套语句实现）。

实训分析：分析上述成绩等级规则，可知不同的成绩范围对应不同等级。本实训中的条件符合 if 嵌套语句的逻辑，采用选择结构进行程序设计。

```
import java.util.Scanner;
public class IfnestAnli {
  public static void main(String[] args) {
    int score;
Scanner in=new Scanner(System.in);
System.out.println(" 请输入考试成绩： ");
    score=in.nextInt();
    if(score>=60) {
      if(score<=80) {
        System.out.println(" 及格 ");
      }
    else if(score<90) {
      System.out.println(" 良好 ");
    }
    else if(score<=100) {
      System.out.println(" 优秀 ");
    }
  }
```

```
    else {
        System.out.println(" 不及格 ");
    }
    }
}
```

【实训 5】 某月份包含天数的判断

请根据输入的月份判断相应的天数（用 switch 语句实现）。

实训分析：一年的 12 个月份中，1 月、3 月、5 月、7 月、8 月、10
月、12 月为 31 天，4 月、6 月、9 月、11 月为 30 天，2 月为 28 天（这
里不考虑闰年的情况）。本实训的数据结构符合 switch 语句的特点，可以
使用 switch 语句进行程序设计。当 case 后的常量值为 4、6、9、11 时，
输出天数为 30；当 case 后的常量值为 2 时，输出天数为 28；其他情况输出天数为 31。

4 - 3　某月份
天数的判断

```
import java.util.Scanner;
public class SwitchAnli {
    public static void main(String[] args) {
        int month,day;
        Scanner in=new Scanner(System.in);
        System.out.println(" 请输入月份： ");
        month=in.nextInt();
        switch(month)
        {
        case 4 :
        case 6 :
        case 9 :
        case 11 : day=30;break;
        case 2 : day=28;break;
        default : day=31;
        }
        System.out.println(" 天数为： ",+day);
    }
}
```

技能检测

一、选择题

1. 假设 int a=2,b=3; 则以下表达式结果为 false 的是（　　　　）。

　　A. a!=2&&b!=3　　　　B. a<3||b>3　　　　C. a<=3||b>=3　　　　D. aa==2&&b==3

2. 下列表达式不能用于 switch 语句参数的是（   ）。

    A. int i=2;   B. byte a=1;   C. char c='c';   D. boolean b=true;

3. 下列命令中可以防止 switch 语句中多个 case 语句贯穿执行的是（   ）。

    A. default   B. goto   C. break   D. continue

4. 要判断数字 i 是否在区间 (1,5] 中，以下表达式正确的是（   ）。

    A. $1 < i \leqslant 5$ B. $1 < i < 5$ C. $i > 1 \&\& i <= 5$ D. $i >= 1 || i <= 5$

5. 以下程序的输出结果为（   ）。

```
int score=89;
if(score>=60) {
        if(score<=80) {
            System.out.println(" 及格 ");
        }
        else if(score<90) {
            System.out.println(" 良好 ");
        }
        else if(score<=100) {
            System.out.println(" 优秀 ");
        }
    }
    else {
        System.out.println(" 不及格 ");
    }
```

    A. 优秀   B. 良好   C. 及格   D. 不及格

6. 以下程序的输出结果为（   ）。

```
int month=6,day;
switch(month)
    {
    case 4 :
    case 6 :
    case 9 :
    case 11 : day=30;break;
    case 2 : day=28;break;
    default : day=31;
    }
System.out.println(" 天数为： ",+day);
```

    A. 天数为：28   B. 天数为：31   C. 天数为：30   D. 其他

7. 以下程序的输出结果为（   ）。

```
int day=3;
    switch(day);
```

```
{
    case 1 : System.out.println("Monday"); break;
    case 2 : System.out.println("Tuesday"); break;
    case 3 : System.out.println("Wednesday"); break;
    case 4 : System.out.println("Thursday"); break;
    case 5 : System.out.println("Friday"); break;
    case 6 : System.out.println("Saturday"); break;
    case 7 : System.out.println("Sunday"); break;
    default :System.out.println("Error!");
}
```

A. Monday   B. Tuesday   C. Wednesday   D. Thursday

8. 以下程序的输出结果为（   ）。

```
int num=20;
if(num%3=0) {
        System.out.println(" 能被 3 整除 ");
    }
if(num%5=0) {
        System.out.println(" 能被 5 整除 ");
    }
else if(num%3=0&&num%5=0){
        System.out.println(" 能同时被 3 和 5 整除 ");
    }
```

A. 能被 3 整除   B. 能被 5 整除
C. 能同时被 3 和 5 整除   D. 其他

9. 以下程序可以判断某年是否为闰年的是（   ）。
A. x%4==0&&x%100!=0;   B. x/4==0&&x/100!=0
C. x%4=0&&x%100!=0   D. x/4=0&&x/100!=0

10. 以下程序的输出结果为（   ）。

```
float x=278,y;
    if(x<200){
        y=x;
    }
    else if(x<=300&&x>=200){
        y=0.8*x;
    }
    else{
        y=0.7*x;
    }
    System.out.println(" 实际消费金额为：", +y);
```

A. 实际消费金额为：222.4   B. 实际消费金额为：194.6

C. 实际消费金额为：278   D. 实际消费金额为：y

二、编程题

1. 编程判断某年是否为闰年。

2. 要求将考试成绩在 60 分以下的标记为 E，大于等于 60 分且小于 70 分的标记为 D，大于等于 70 分且小于 80 分的标记为 C，大于等于 80 分且小于 90 分的标记为 B，大于等于 90 分的标记为 A（满分为 100 分）。请根据输入的成绩输出对应的标记（用 if… else if…else 语句实现）。

3. 某物业公司为了促使业主交物业费，提出如下优惠活动：一次缴纳 1 年，物业费不打折；一次缴纳 2 年，物业费打九折；一次缴纳 3 年，物业费打八五折；一次缴纳 4 年及以上，物业费打八折。请根据输入数据，输出实际缴费的金额。

单元 ⑤

循环结构程序设计

在程序的实际应用中，有很多输出或计算是重复的，而且可能是循环操作很多次的，如果仍然使用顺序结构程序设计，则要重复编写大量相似的程序，不但工作量大，而且程序冗长、可读性低，还浪费空间。本单元将介绍 3 种循环结构，可有效解决上述问题。

📚 | 学习目标

✓ 掌握循环结构的概念。
✓ 掌握 while 语句和 do…while 语句的使用方法。
✓ 掌握 for 语句的使用方法。
✓ 掌握循环嵌套结构的应用。
✓ 掌握通过 break 语句和 continue 语句中断循环的方法。

📚 | 课程思政目标

循环结构程序设计是区别于顺序结构程序设计的一种程序设计思路，可提高工作效率，应用该结构需要设定好循环初始条件和循环结束条件，还要正确编写使循环趋向结束的语句。正如我们对待工作，要做到有始有终、方法正确，这样才能将一项项工作做实做好。

循环结构是程序的 3 种控制结构之一，在各种计算机编程语言中得到广泛应用，是解决重复性、循环性问题的不可缺少的方法。那么，什么样的问题是重复性、循环性的呢？第一种：循环次数是预先确定的，例如打印本年级 10 个班级的同学的成绩单，又如包一百个饺子。第二种：循环次数不能预先确定，例如要把玻璃擦干净，擦多少次是不能预先确定的。

但是无论哪种循环都具备两个特点：一是循环条件，二是循环操作。对于打印本年级 10 个班级的同学的成绩单这个问题，循环条件是这 10 个班级以内，循环操作是打印成绩单。对于包饺子这个问题，循环条件是未包够 100 个，循环操作是包饺子。对于擦玻璃这个问题，循环条件是玻璃还未擦干净，循环操作是擦玻璃。

在 Java 语言中，可以把循环结构分为三类：while 循环、do…while 循环、for循环。

5.1 while 循环结构

while 循环结构从字面上理解是"当……的时候，做……事"，它的特点是先判断条件是否满足，再根据判断结果决定是否执行循环体中的语句。while 循环结构一般用于不能预先确定循环次数的情况。

语法格式如下：

```
while( 循环条件 ){
    循环体
}
```

while 循环结构的流程图如图 5－1 所示。

首先，判断循环条件是否为真，如果条件为真，则进入循环体，执行其中的语句，再判断循环条件，如果条件仍为真，则又一次进入循环体，执行其中的语句，然后再次判断循环条件……当判断循环条件为假时，则结束循环，继续执行程序后面的语句。

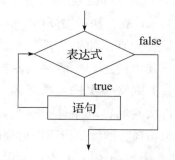

图 5－1　while 循环结构流程图

【实例 1】　用 while 循环结构设计程序，计算自然数 1 ～ 100 的和，并输出结果。

```java
public class whileDemo{
    public static void main(String[] args){
        int i=1,sum=0;
        while(i<=100)
        {
            sum=sum+i;
            i++;
```

```
        }
    System.out.println("1+2+…+100="+sum);
        }
}
```

程序运行结果如下：

1+2+…+100=5050

5.2 do…while 循环结构

do…while 循环结构从字面上理解是"做……事，当……的时候"。它的特点是先执行一遍循环体中的语句，再判断条件是否满足，根据判断结果决定是否执行下一个循环体中的语句。do…while 循环区别于 while 循环的地方是 while 循环要先判断循环条件是否满足，如果为真，才能执行第一个循环体，如果不满足，则一次循环体也不执行；而 do…while 循环，无论条件是否为真，都要执行一次循环体，之后再进行循环条件的判断。

语法格式如下：

```
do{
    循环体
}while( 循环条件 );
```

do…while 循环结构的流程图如图 5 - 2 所示。

首先，执行循环体中的语句，然后判断循环条件是否为真，如果条件为真，则再次进入循环体，执行其中的语句，然后判断循环条件，如果条件仍为真，则又一次进入循环体，执行其中的语句，然后再次判断循环条件……当判断循环条件为假时，结束循环，继续执行程序后面的语句。

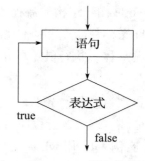

图 5 - 2　do…while 循环结构流程图

【实例 2】　用 do…while 循环结构设计程序，计算自然数 1 ～ 100 的和，并输出结果。

```
public class dowhileDemo{
    public static void main(String[] args){
    int i=1,sum=0;
    do{
        sum=sum+i;
        i++;
```

```
    }while(i<=100);
    System.out.println("1+2+…+100="+sum);
    }
}
```

程序运行结果如下：

```
1+2+…+100=5050
```

从实例 1 和实例 2 中可知，while 循环和 do…while 循环的作用基本相同，在某些程序中可以互换。但鉴于两者执行流程的区别，并不是所有情况都可以互换，例如以下两个循环则不可以互换：

（1）while 循环。

```
int i=11,sum=0;
while(i<10){
    sum=sum+i;
    i--;
}
System.out.println("sum="+sum);
```

程序运行结果如下：

```
sum=0
```

（2）do…while 循环。

```
int i=11,sum=0;
do{
    sum=sum+i;
    i--;
}while(i<10);
System.out.println("sum="+sum);
```

程序运行结果如下：

```
sum=11
```

上述两个程序输出的结果是不相同的，while 循环的初始循环条件为假，因此一次循环体也没有执行；而 do…while 循环不首先判断循环条件，而是直接执行一次循环体。由此可知，当初始循环条件为假时，两种循环结构不能够互换。

5.3　for 循环结构

语法格式如下：

```
for( 表达式 1; 表达式 2; 表达式 3){
    循环体
}
```

for 循环结构的流程图如图 5－3 所示。

先求表达式 1 的值，再求表达式 2 的值，如果表达式 2 的值为真，则执行循环体中的语句，然后求表达式 3 的值，之后，重新求表达式 2 的值，判断其是否为真，如果为真，则执行循环体中的语句。

在每一次求得表达式 2 的值时，如果为假，则结束循环。在 for 循环结构中，表达式 1 的作用一般是为变量赋初值，表达式 2 一般为条件表达式，作为循环的条件，表达式 3 一般起使循环趋于结束的作用。另外，表达式 1 和表达式 3 对应的部分也可以是多条语句，需用逗号分隔。

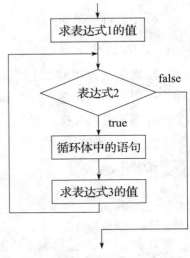

图 5－3　for 循环结构流程图

【实例 3】　用 for 循环结构设计程序，计算自然数 1 ～ 100 的和，并输出结果。

```java
public class forDemo{
    public static void main(String[] args){
    for(i=1,sum=0;i<=100;i++)
    {
        sum=sum+i;
        i++;
    }
    System.out.println("1+2+…+100="+sum);
    }
}
```

程序运行结果如下：

1+2+…+100=5050

从上述实例中可以看出，要使循环结构程序正确运行，需要一条使循环趋于结束的语句，例如 i++; 语句，会使循环条件达到的值为假的时候结束循环。切不可设计成条件永远为真的循环，即死循环，这样的循环永远跳转不出来，程序没有结束的时候。

5.4　break 语句和 continue 语句

循环结构会一遍遍地执行循环体中的语句，直到循环条件为假时，才结束循环。但有些时候仅靠条件判断语句控制循环还不够灵活，这时需要借助中断关键字：break 和 continue。

5.4.1　break

break 关键字在 switch 选择结构中起跳出选择结构的作用，而在循环结构中，break 同样可以使程序跳出循环，继续执行循环结构后面的语句。

【实例 4】 输出自然数 1 ～ 10 中的前 5 个数，中间用空格分隔。

```
public class breakDemo{
    public static void main(String[] args){
        for(int i=1;i<=10;i++)
        {
            if(i==6){// 当 i 值等于 6 时，就中断循环
                break;
            }
            System.out.print(" "+i);
        }
    }
}
```

程序运行结果如下：

```
1 2 3 4 5
```

break 语句经常与 if 语句搭配使用，当符合某种条件时，中断循环。上述实例中，当 i 的值为 6 时，结束循环，不会继续输出　6 7 8 9。

5.4.2　continue

continue 关键字的作用是终止本次循环，继续执行下一次循环。

【实例 5】 输出自然数 1 ～ 10，但去掉 6，中间用空格分隔。

```
public class continueDemo{
    public static void main(String[] args){
        for(int i=1;i<=10;i++)
        {
            if(i==6){        // 当 i 值等于 6 时，就中断本次循环
                continue;
            }
            System.out.print(" "+i);
        }
    }
}
```

程序运行结果如下：

```
1 2 3 4 5 7 8 9 10
```

continue 语句不会彻底结束循环，而只是中断本次循环，即当 i 的值为 6 时，中断本次循环，继续执行下一次循环，因此程序输出除了 6 以外的所有自然数。

5.5 循环嵌套

一个循环结构的循环体中还可以有另外的、完整的循环结构，这叫作循环嵌套。while 循环、do…while 循环、for 循环可以互相任意嵌套。假设外层循环 m 次，内层循环 n 次，外层每循环一次，内层就循环 n 次，如果外层循环 m 次，那么内层循环的循环体语句就执行 $m \times n$ 次。

【实例 6】 输出 5 行 *，每行 8 个。

```
public class nestingDemo{
  public static void main(String[] args){
    int i,j;
    for(i=1;i<=5;i++)                 // 外层循环 5 次，输出 5 行 *
    {
      for(j=1;j<=8;j++)               // 内层循环 8 次，输出 8 个 *
      {
        System.out.print(" * ");      // 内层每循环一次就输出一个 *
      }
      System.out.println();           // 外层每循环一次就输出一个换行
    }
  }
}
```

程序运行结果如下：

```
* * * * * * * *
* * * * * * * *
* * * * * * * *
* * * * * * * *
* * * * * * * *
```

System.out.print(" * "); 语句一共循环执行了 $5 \times 8 = 40$ 次，System.out.println(); 语句一共循环执行了 5 次。

5.6　单元实训

5-1　计算产品达到
要求销量的年份

【实训1】　计算产品达到要求销量的年份

假设某电脑2021年的销量为15万台，预计以后每年增长5%，求到哪一年其销量能够超过30万台。

实训分析：显然，销量少于30万台为循环执行的条件。从2021年算起，用变量 i 保存经历的年份，初始值为2021；用变量 volume 保存历年的销量，初始值为2021年的销量15万。每经历一年销量增长5%，i 值也自增1，循环结束后的 i 值即是所要输出的年份结果。

```java
public class saleDemo{
    public static void main(String[] args){
        int i=2021;
        double volume=150000;
        while(volume<300000){
            volume=volume*(1+0.05);
            i++;
        }
        System.out.println(" 到 "+i+" 年，销量超过 300000 台！ ");
    }
}
```

程序运行结果如下：

到 2036 年，销量超过 300000 台！

【实训2】　统计成绩大于指定分值的学生人数

输入5名学生的分数，然后统计出大于等于90分的人数。

实训分析：用变量 count 作为计数器，初值为0。每次输入的成绩保存在变量 score 中，用 score 与90相比较，如果大于等于90，count 就自增1，最终 count 保存的就是大于等于90分的人数。

5-2　统计成绩大于
指定分值的学生人数

```java
public class countDemo{
    public static void main(String[] args){
        Scanner sc=new Scanner(System.in);
        int i,score,count=0;
        for(i=1;i<=5;i++){
            System.out.println(" 请输入第 "+i+" 名学生的成绩： ");
            score=sc.nextInt();
```

```
        if(score>=90){
            count++;
        }
    }
    System.out.println(" 大于等于 90 分的人数是："+count);
  }
}
```

程序运行结果如下：

请输入第 1 名学生的成绩：82
请输入第 2 名学生的成绩：96
请输入第 3 名学生的成绩：76
请输入第 4 名学生的成绩：91
请输入第 5 名学生的成绩：90
大于等于 90 分的人数是：3

【实训 3】 银行卡锁定功能的实现

假设银行卡允许用户输错密码的次数为 3 次，超过 3 次后提示
"已超过输入次数上限，银行卡已被锁定！"（假设密码是 1369）。

实训分析：使用 do…while 循环。跳出循环的情况有两种：一种
是密码输入正确，提示"您已成功登录！"然后用 break 跳出循环；
另一种是密码 3 次均输入错误，提示"已超过输入次数上限，银行卡
已被锁定！"，跳出循环。

5-3 银行卡
锁定功能的实现

```
public class pwdDemo{
    public static void main(String[] args){
        Scanner sc=new Scanner(System.in);
        int i=1;
        do{
          System.out.print(" 请输入密码，第 "+i+" 次："");
          int num=sc.nextInt();
          if(num==1369){
            System.out.println(" 您已成功登录！ ");
            break;}
          if(i==3){
            System.out.println(" 已超过输入次数上限，银行卡已被锁定！ ");
            break;
          }
          i++;
        }while(true);
    }
}
```

程序运行结果如下：

```
测试一：请输入密码，第 1 次：1234
        请输入密码，第 2 次：0000
        请输入密码，第 3 次：8888
        已超过输入次数上限，银行卡已被锁定！
测试二：请输入密码，第 1 次：1234
        请输入密码，第 2 次：0000
        请输入密码，第 3 次：1369
        您已成功登录！
```

【实训 4】 输出 1 ～ 10 中的所有偶数

利用 continue 语句输出 1 ～ 10 中的所有偶数。

实训分析：需要判断的数字范围是 1 ～ 10，因此变量 i 的初值设置为 1，循环条件为 i<=10，每执行完一次循环体，变量 i 自增 1，使循环趋于结束。当 i 除以 2 的余数为 1 时，说明 i 是奇数，此时不可以输出，因此，使用 continue 结束本次循环，继续下一次循环，判断下一个 i 值。如果 i 除以 2 的余数为 0，说明 i 是偶数，则不执行 continue 语句，输出 i 的值。

```
public class evenDemo{
    public static void main(String[] args){
        for(int i=1;i<=10;i++){
            if(i%2==1){
                continue;
            }
        System.out.print(" "+i);
        }
    }
}
```

程序运行结果如下：

```
 2 4 6 8 10
```

【实训 5】 输出由 "*" 组成的图形

输出由 6 行 "*" 组成的三角形。

实训分析：利用 for 循环嵌套。外层循环使用变量 i 控制，i 值从 1 至 6，输出 6 行 "*"；内层循环使用变量 j 控制，j 值从 1 至 i。外层第一次循环，i=1，也就是 j 的值从 1 到 1，只输出一个 *；外层第二次循环，i=2，也就是 j 的值从 1 到 2，输出两个 *，依此类推。外层第六次循环，i=6，也就是 j 的值从 1 到 6，输出 6 个 *。每次内层循环彻底完成后，利用 System.out.println(); 语句换一次行。最终形成三角形。

```
public class nestingDemo{
    public static void main(String[] args){
        int i,j;
        for(i=1;i<=6;i++){
            for(j=1;j<=i;j++){
                System.out.print("*");
            }
            System.out.println();
        }
    }
}
```

程序运行结果如下：

```
*
**
***
****
*****
******
```

【实训 6】 输出九九乘法表

利用循环嵌套输出格式规整的九九乘法表。

实训分析：利用 for 循环嵌套，外层循环使用变量 i 控制，i 值从 1 至 9，控制乘法因式的第二个因子；内层循环使用变量 j 控制，j 值从 1 至 i，控制乘法因式的第一个因子。利用转义字符 "\t" 使每个因式占一个制表位，便于对齐显示。

```
public class mulDemo{
    public static void main(String[] args){
        int i,j;
        for(i=1;i<10;i++)                              // 外层循环 9 次，输出 9 行 *
        {
            for(j=1;j<=i;j++)                          // 内层循环 i 次，输出 i 个乘法算式
            {
                System.out.print(j+"*"+i+"="+(i*j)+ "\t"); // 每个乘法算式后面输出一个制表符，用来控制间距
            }
            System.out.println();                      // 外层每循环一次就输出一个换行
        }
    }
}
```

程序运行结果如下：

```
1*1=1
1*2=2  2*2=4
1*3=3  2*3=2  3*3=9
1*4=4  2*4=8  3*4=12 4*4=16
1*5=5  2*5=10 3*5=15 4*5=20 5*5=25
1*6=6  2*6=12 3*6=18 4*6=24 5*6=30 6*6=36
1*7=7  2*7=14 3*7=21 4*7=28 5*7=35 6*7=42 7*7=49
1*8=8  2*8=16 3*8=24 4*8=32 5*8=40 6*8=48 7*8=56 8*8=64
1*9=9  2*9=18 3*9=27 4*9=36 5*9=45 6*9=54 7*9=63 8*9=72 9*9=81
```

技能检测

一、选择题

1. while 循环和 do…while 循环的区别是（　　　　）。

　A. 无区别，这两个结构在任何情况下的效果都一样

　B. do…while 循环是先循环后判断，所以循环体至少被执行一次

　C. while 循环比 do…while 循环执行的效率高

　D. while 循环是先循环后判断，因此循环体至少被执行一次

2. 下列有关 for 循环的描述，正确的是（　　　　）。

　A. for 循环只能用于循环次数已经确定的情况

　B. for 循环体中可以包含多条语句，但要用大括号括起来

　C. for 循环是先执行循环体语句，再判断条件

　D. 在 for 循环中，不能使用 continue 语句跳出本次循环

3. 以下关于 for 循环和 while 循环的说法，正确的是（　　　　）。

　A. 两种循环在任何时候都不可以替换

　B. 两种循环中都必须有循环体，循环体不能为空

　C. while 循环的判断条件一般是程序结果，for 循环的判断条件一般是非程序结果

　D. while 循环先判断后执行，for 循环先执行后判断

4. 以下关于循环嵌套的说法，正确的是（　　　　）。

　A. while 循环可以与 do…while 循环嵌套，但不能与 for 循环嵌套

　B. while 循环只能与 while 循环嵌套

　C. for 循环只能与 for 循环嵌套

　D. while 循环、do…while 循环、for 循环可以互相嵌套

5. 下列程序的输出结果是（　　　　）。

```
int i=0;
  do{
    System.out.println("i="+i);
```

```
    i++;
}while(i<100)}
```

A. 输出 i=0 到 100　　B. 输出 i=1 到 100　　C. 输出 i=1 到 99　　D. 输出 i=0 到 99

6. 下列程序的输出结果是（　　　）。

```
int i;
for(i=1;i<10;i=i+2){
    System.out.println("i="+i);
}
```

A. 输出 i=1 到 11 的偶数　　　　　　B. 输出 i=2 到 8 的偶数
C. 输出 i=1 到 9 的奇数　　　　　　D. 输出 i=2 到 10 的奇数

7. 下列程序的输出结果是（　　　）。

```
int i=5;
while(i>0){
    i=i+1;
    if(i==5){
        break;
    }
}
```

A. 循环一次都不执行　　　　　　B. 死循环
C. while 循环执行 5 次　　　　　　D. 循环仅执行一次

8. 下列程序的输出结果是（　　　）。

```
int i;
for(i=1;i<10;i++){
    if(i==6){
    continue;
    }
    System.out.println("i="+i);
}
```

A. 输出 i=1 到 9　　　　　　B. 输出 i=1 到 5
C. 输出 i=1 到 5 和 7 到 9　　　　　　D. 输出 i=1 到 6 和 8 到 9

9. 下列程序的输出结果是（　　　）。

```
int i;
for(i=1;i<10;i++){
    if(i==6){
        break;
    }
```

```
System.out.println("i="+i);
}
```

A. 输出 i=1 到 9

C. 输出 i=1 到 5 和 7 到 9

B. 输出 i=1 到 5

D. 输出 i=1 到 6 和 8 到 9

10. 下列程序的输出结果是（　　　　）。

```
int i=0;
while(i=5){
    System.out.println("i="+i);
    i++;
}
```

A. 一次循环也不执行，无输出

C. 死循环

B. 输出 i=1 到 5

D. 输出 i=0 到 5

二、编程题

1. 输出所有的"水仙花数"。"水仙花数"是指一个三位数，其各位数字的立方和等于该数本身。例如：153 是一个"水仙花数"，因为 $153=1^3 + 5^3 + 3^3$。

2. 输入两个正整数 m 和 n，求 m 和 n 的最大公约数和最小公倍数。

3. 输出 1 ～ 1 000 内所有的完数。如果一个数恰好等于它的因子之和，这个数就称为"完数"。例如：6 是一个完数，因为 6=1 + 2 + 3。

4. 输出由 1、2、3、4 这 4 个数字组成的互不相同且无重复数字的三位数。

单元 **6**
数　组

单元导读

　　数组是一种非常重要的数据类型，适合存放具有相同类型、相同作用、数量众多等特点的数据，将这类数据整齐、有序地存储起来，有助于用户对数据进行访问、修改、删除、排序等操作。数组可以分为一维数组、二维数组、多维数组。

学习目标

✓ 掌握数组的概念。
✓ 掌握一维数组的定义、赋值和常用操作。
✓ 掌握数组维数的概念。
✓ 掌握二维数组的定义、赋值和常用操作。
✓ 掌握数组的排序算法。

课程思政目标

　　将类型相同的数据放在一个集合中，可以高效地处理和运用数据。俗话说："物以类聚，人以群分"，人活于世，与什么人在一起很重要，与智者同行，你会受益匪浅，取得成功；与愚者为伍，你会慢慢地变得庸俗、消极。

在程序设计的过程中，经常需要对大量相同类型的数据进行存储和处理，例如，存储全班同学的语文成绩，输出所有学生的平均分，打印单位所有员工的名单并按姓名排序。像这样数量庞大的数据，用普通变量存储是非常麻烦的，且不利于进行各种处理和操作，此时，我们就需要用到数组数据类型。

数组是由数据类型相同的元素组成的有序数据集合，是一种复合型数据类型，其中的元素数量是有限的，并且是有序的。数组通过数组名和下标来确定某一个数组元素，下标从 0 开始。

6.1　一维数组

6.1.1　一维数组的声明

声明一维数组的格式有以下两种：

（1）数组元素类型 数组名称 []
（2）数组元素类型 [] 数组名称

例如：

int a[]; 或 int[] a;
float salary[]; 或 float[] salary;

6.1.2　一维数组的初始化

声明数组只是为数组指定了数组名称和数组元素的基本数据类型，并没有为数组确定数组元素的个数，系统也没有为数组分配存储空间。要想真正使用数组，必须为数组指定个数和存储空间，这个操作称为数组的初始化。数组的初始化可以使用 new 关键字完成，也可以在数组声明的同时通过为数组元素赋初值来完成。

1. 使用 new 关键字初始化数组

使用 new 关键字初始化数组只是为数组指定元素的个数，从而为数组分配存储空间，并没有为数组元素赋初值。用 new 关键字初始化数组有两种方式：一是先声明数组再初始化；二是在声明数组的同时进行初始化。

（1）先声明再初始化。

先声明数组再初始化，需要使用两条语句：第一条语句用来声明数组，第二条语句用 new 关键字初始化数组。

用 new 关键字初始化数组的格式如下：

数组名 =new 数组元素类型 [元素个数]

例如：

```
int a[];
a=new int[10];
```

（2）声明的同时初始化。

在声明的同时对数组初始化，也就是将声明和用 new 关键字初始化合为一步。格式如下：

数组元素类型 数组名 []=new 数组元素类型 [元素个数]

例如：

```
int a[]=new int[10];
```

2. 赋初值初始化数组

在声明数组的同时，还可以为数组元素赋初值，所赋初值的个数决定了数组元素的个数。格式如下：

数组元素类型 数组名 []={ 初值列表 }

初值列表中的值用逗号分隔。

例如：

```
int a[]={2,5,8,6,78,4,5,68,36,2};
```

该条语句声明了一个数组 a，里面共有 10 个元素，分别是 a[0]、a[1]、a[2]、a[3]、a[4]、a[5]、a[6]、a[7]、a[8]、a[9]，它们的值分别是 2、5、8、6、78、4、5、68、36、2。

一维数组的长度可以用数组名 .length 获取。

【**实例 1**】 利用循环结构程序为一维数组的各个元素赋值并输出结果。

```java
public class whileArray{
    public static void main(String[] args){
    int i;
    int a[]=new int[10];
    for(i=0;i<10;i++){
        a[i]=i;
        System.out.print(a[i]+ " ");
    }
    }
}
```

程序运行结果如下：

```
0 1 2 3 4 5 6 7 8 9
```

6.2　二维数组

在实际应用中，一维数组的维数经常不够用。例如，某公司有 10 名员工，每名员工的工资包含基本工资、绩效工资、奖金等多项，转换成计算机数据后会涉及多个维度，这样的数组属于多维数组，而有两个维度的数组称作二维数组。二维数组中的元素可以看作由行和列排列成的矩阵。二维数组的下标有两个，即行标和列标，仍然从 0 开始。

6.2.1　二维数组的声明

二维数组的声明与一维数组类似，只是要有两个方括号，格式如下：

（1）数组元素类型 数组名称 [][]
（2）数组元素类型 [][] 数组名称

例如：

double b[][]; 或 double[][] b;

6.2.2　二维数组的初始化

声明二维数组同样也只是指定了数组名称和数组元素的基本数据类型，并没有为数组确定数组元素的个数，系统也没有为数组分配存储空间。所以需要对二维数组进行初始化，指出数组的行数和列数，这样二维数组的存储空间就确定下来了。可以使用 new 关键字来初始化二维数组，也可以通过为元素赋初值来完成。

1. 使用 new 关键字初始化二维数组

使用 new 关键字初始化二维数组只是为数组指定了行数和列数，从而为数组分配存储空间，并不是为数组元素赋初值。用 new 关键字初始化二维数组有两种方式：一是先声明数组再初始化；二是在声明数组的同时进行初始化。

（1）先声明再初始化。

先声明数组再初始化，需要使用两条语句：第一条语句用来声明数组，第二条语句用 new 关键字初始化数组。

用 new 关键字初始化数组的格式如下：

数组名 =new 数组元素类型 [行数][列数]

例如：

int a[][];
a=new int[4][3];

数组 a 中的元素下标要用行标和列标一起表示，从 0 开始，行标和列标的最大值均比行数和列数小 1。数组中的元素如下：

```
a[0][0]    a[0][1]    a[0][2]
a[1][0]    a[1][1]    a[1][2]

a[2][0]    a[2][1]    a[2][2]
a[3][0]    a[3][1]    a[3][2]
```

一共有 12 个元素，二维数组中的元素个数等于行数乘以列数。

（2）声明的同时初始化。

在声明的同时对数组进行初始化，也就是将声明和用 new 关键字初始化合为一步。格式如下：

数组元素类型 数组名 [][]=new 数组元素类型 [行数][列数]

或

数组元素类型 [][] 数组名 =new 数组元素类型 [行数][列数]

例如：

int a[][]=new int[3][4];

2. 赋初值初始化二维数组

可以在声明二维数组的同时为数组元素赋初值，通过赋初值的组数和每组的个数确定二维数组的行数和每行元素的个数。格式如下：

数组元素类型 数组名 [][]={{ 初值列表 },{ 初值列表 },…,{ 初值列表 }}

各个初值列表之间用逗号分隔，例如：

int a[][]={{2,5,8,6},{8,4,5,8},{6,2,2,5}};

该条语句声明了一个二维数组 a，里面共有 12 个元素，具体如下：

```
a[0][0]=2    a[0][1]=5    a[0][2]=8    a[0][3]=6
a[1][0]=8    a[1][1]=4    a[1][2]=5    a[1][3]=8
a[2][0]=6    a[2][1]=2    a[2][2]=2    a[2][3]=5
```

从赋值表中可以确定该数组是三行四列，所以 a[][] 中的数值可以省略。

【实例 2】 二维数组的建立与输出。

```java
public class TDArray{
    public static void main(String[] args){
    int i=0,j=0;
    int td[][]={{1,2,3},{4,5,6},{7,8,9}};
    for(i=0;i<10;i++){
        for(j=0;j<3;j++){
            System.out.print("td["+i+"][ "+j+"]= "+td[i][j]+ " ");
```

```
        }
        System.out.println();
    }
  }
}
```

程序运行结果如下：

```
td[0][0]=1    td[0][1]=2    td[0][2]=3
td[1][0]=4    td[1][1]=5    td[1][2]=6
td[2][0]=7    td[2][1]=8    td[2][2]=9
```

6.3 单元实训

【实训 1】 求一个正整数的位数并逆序输出各位数字

给定一个 5 位（含）以下的正整数，求出它是几位数并逆序输出各位数字。

实训分析：建立一个能够存放 5 个数字的数组，将输入数字的每位数的值赋值到数组元素中，对输入的数字从个位开始获取，并且每获取一次之后都用 10 整除，这样就能分别获取十位、百位、千位了，最后将数字输出即可。

```
public class nxDemo{
  public static void main(String[] args){
    System.out.println(" 请输入一个位数不大于 5 位的正整数：");
    Scanner scanner=new Scanner(System.in);
    int num=scanner.nextInt();               // 获取输入
    int[] a=new int[5];                      // 创建 5 位数的数组
    int i=0;                                 // 循环取位
    do{
      a[i]=num%10;
      num=num/10;
      i++;
    }while (num!=0);                         // 只剩下一位时，说明获取完毕，跳出循环
    System.out.println(" 您输入的数字是 "+i+" 位数 ");
    System.out.println(" 逆序输出的结果是："); // 输出数组
    for(int j=0;j<i;j++) {

      System.out.print(a[j]+ " ");
    }
    scanner.close();
  }
}
```

程序运行结果如下：

请输入一个位数不大于 5 位的正整数：1234
您输入的数字是 4 位数
逆序输出的结果是：4 3 2 1

【实训 2】 判断一个 5 位数是否为回文数

输入一个 5 位数，判断它是否为回文数（个位与万位相同，十位与千位相同，比如 12321 是回文数）。

6－1 判断一个 5 位数是否为回文数

实训分析：建立一个能够存放 5 个数字的数组，逐次取每个数位上的数字，然后判断是否满足回文的条件即可。

```java
public class hwDemo{
    public static void main(String[] args){
    System.out.println(" 请输入一个 5 位数： ");
        Scanner scanner=new Scanner(System.in);
        int input=scanner.nextInt();        // 获取输入的数字
        int a[]=new int[5];                 // 创建一个长度为 5 的数组
        int i=4;
        do {                                // 逐次取位
            a[i]=input%10;
            input/=10;
            i--;
        } while (i>=0);
        //System.out.println(Arrays.toString(a));
        if (a[0]==a[4]&&a[1]==a[3]) {
            System.out.println(" 该数是回文数字！ ");
        }else {
            System.out.println(" 该数不是回文数字！ ");
        }
        scanner.close();}
}
```

程序运行结果如下：

测试一：请输入一个 5 位数：45654
　　　　该数是回文数字！
测试二：请输入一个 5 位数：45650
　　　　该数不是回文数字！

【实训 3】 对 10 个数字从小到大排序

输入 10 个数，对这 10 个数从小到大排序。

实训分析：使用选择排序法，先在后 9 个数字当中比较，选择一个最小的与第一个元素交换，依此类推，即用第二个元素与后 8 个进行比较，并进行交换。最后输出的结果即是从小到大排列的数组。

```java
public class pxDemo{
    public static void main(String[] args){
    System.out.println(" 请输入 10 个数字，用空格分隔：");
        int[] a=new int[10];
        Scanner scanner=new Scanner(System.in);
        for(int i=0;i<10;i++) {
            a[i]=scanner.nextInt();
        }
        // 以下对数组进行排序
        int t=0;// 交换变量
        for(int i=0;i<9;i++) {
            for(int j=i+1;j<a.length;j++) {
                if (a[i]>a[j]) {  // 如果第一个数比后面的数大就交换
                    t=a[i];
                    a[i]=a[j];
                    a[j]=t;
                }
            }
        }
        System.out.println(" 排列后的数组："+Arrays.toString(a));//Arrays 类的包装方法！  }
}
```

程序运行结果如下：

请输入 10 个数字，用空格分隔：5 6 7 1 4 9 8 3 2 0
排列后的数组：0 1 2 3 4 5 6 7 8 9

【实训 4】 求矩阵对角线元素之和

建立一个 4×4 矩阵，并求出此矩阵对角线元素之和。

实训分析：利用双层 for 循环嵌套控制输入二维数组，再将矩阵对角线上的元素 a[i][i] 累加后输出。

```java
public class AsumDemo{
    public static void main(String[] args){
    System.out.println(" 请输入十六个数字：");
        Scanner scanner=new Scanner(System.in);
        int[][] a=new int[4][4];
        // 获取矩阵元素的数值
        for(int i=0;i<4;i++){
            for (int j=0;j<4;j++) {
```

```
                a[i][j]=scanner.nextInt();
            }
        }
        System.out.println(" 主对角线之和："+(a[0][0]+a[1][1]+a[2][2]+a[3][3]));
        System.out.println(" 第二条对角线之和："+(a[0][3]+a[1][2]+a[2][1]+a[3][0]));
        scanner.close();}
}
```

程序运行结果如下：

```
1 2 3 4 5 6 7 8 9 10 11 12 13 14 15 16
主对角线之和：34
第二条对角线之和：34
```

【实训 5】 逆序输出一维数组中的元素

将一维数组 a 的元素逆序输出。

实训分析：建立一个新数组 b，将一维数组的最后一个元素赋值给 b[0]，倒数第二个元素赋值给 b[1]……最后输出数组 b。

```
public class nxADemo{
    public static void main(String[] args){
        int[] a={1,2,3,4,5,6};
        int[] b=new int[a.length];
        int j=a.length;
        for(int i=0;i<a.length;i++){
            b[i]=a[j-1];
            j--;
        }
        System.out.println(" 数组 a 逆序输出的结果为："+Arrays.toString(b));}
}
```

程序运行结果如下：

```
6 5 4 3 2 1
```

【实训 6】 输出杨辉三角形的前 10 行

了解杨辉三角形，并输出杨辉三角形的前 10 行。

实训分析：观察下面的杨辉三角形示例。

```
1
1 2 1
1 3 3  1
1 4 6  4 1
```

```
1 5 10 10 5 1
...
```

第一列的数字都是 1，每一行最后一个数字也是 1。从第二行第二列起，arr[i][j]=arr[i-1][j-1]+arr[i-1][j]。

```java
public class YHDemo{
    public static void main(String[] args){
        int[][] arr=new int[10][10];
        for(int i=0;i<arr.length;i++){
            arr[i][0]=1;                              // 控制第一列的数等于 1
        }
        for(int i=1;i<arr.length;i++){
            for(int j=1;j<arr.length;j++){
                arr[i][j]=arr[i-1][j-1]+arr[i-1][j];  // 赋值
            }
        }
        // 输出结果
        for(int i=0;i<arr.length;i++){
            for(int k=arr.length-i;k>0;k--){          // 为了输出美观，用空格分隔
                System.out.print(" ");
            }
            for(int j=0;j<arr.length;j++){            // 输出数组元素的数值
                if(arr[i][j]!=0){                     // 将没赋值的零去掉
                    System.out.print(arr[i][j]+ " ");
                }
            }
            System.out.println();                     // 换行
        }
    }
}
```

程序运行结果如下：

```
                1
              1   1
            1   2   1
          1   3   3   1
        1   4   6   4   1
      1   5   10   10   5   1
    1   6   15   20   15   6   1
  1   7   21   35   35   21   7   1
1   8   28   56   70   56   28   8   1
1   9   36   84   126   126   84   36   9   1
```

技能检测

一、选择题

1. Java 数组的下标从（　　　）开始。
    A. 0 　　　　　　　B. 1 　　　　　　　C. 2 　　　　　　　D. a
2. Java 二维数组的元素个数等于（　　　）。
    A. 行标和列标之和　　　　　　　　　B. 行标和列标之积
    C. 行数和列数之和　　　　　　　　　D. 行数和列数之积
3. Java 对数组的初始化使用（　　　）关键字。
    A. int 　　　　　　B. new 　　　　　　C. public 　　　　　D. main
4. 在 Java 语句 int a[10]; 中，数组 a 中有（　　　）个元素。
    A. 10 　　　　　　B. 9 　　　　　　　C. 0 　　　　　　　D. 1
5. 在 Java 语句 int a[10]; 中，数组 a 中的最后一个数组元素是（　　　）。
    A. a[10] 　　　　　B. a[9] 　　　　　　C. a[11] 　　　　　D. a[0]

二、编程题

1. 某单位使用加密方式传递数据，规定数据是四位整数，每位数字都加上 5，然后用和除以 10 的余数代替该数字，再将第一位和第四位交换，第二位和第三位交换。请编写程序实现输入一个四位数，再输出加密后的结果。

2. 编写一个彩票生成码程序，要求从 1 ~ 33 中随机选 7 个不重复的数字组成彩票号码。

单元 ⑦ 面向对象程序设计

📖 | 单元导读

前面学习的知识属于 Java 基本语法范畴，编写的程序也是以过程化为主，这类程序的缺点是稳定性差、可扩展性差。在软件开发的过程中，用户对于产品的需求可能随时都在改变，为了使程序的可修改性更强，开发人员引入了本单元将要讲解的面向对象的程序设计方式。

📑 | 学习目标

- ✓ 掌握面向对象的三大特性。
- ✓ 掌握类的定义。
- ✓ 掌握对象的创建及使用方法。
- ✓ 掌握类的构造方法。
- ✓ 掌握对象成员的访问控制方法。
- ✓ 掌握类的封装特性。
- ✓ 掌握类的重载。
- ✓ 掌握 this 关键字的应用。
- ✓ 掌握类的继承、方法的重写以及 super 关键字的应用。
- ✓ 掌握抽象类和接口的使用方法。
- ✓ 掌握多态的使用方法。

📚 | 课程思政目标

本单元所讲的面向对象的知识，可以启发学生跳出之前学习的面向过程的思维模式，站在全局角度进行程序设计。工作和生活中的很多事情都需要我们从全局来规划，要做好数据收集、调研、分析等工作，尽可能勾勒出事物的全貌，进而做出科学的判断，切不可脱离实际。

7.1 面向对象概述

面向对象是一种程序设计方法。传统的程序设计思路是面向过程，也就是以解决问题为主，把问题分成几个部分，针对每个部分逐一编制解决方案。而面向对象则是把整个问题看作一个或多个独立的对象，通过调用该对象的方法来实现某一功能。这样，当用户的需求变更时，只需要更改对象的方法即可，代码的可修改性更强。

面向对象的特性可以归纳为：封装性、继承性和多态性。

7.1.1 封装性

封装就是将对象封装成一个类，对象的属性和行为都包含在其中，对于外界来说对象的信息是隐藏起来的。例如，在饭店点一道菜，这道菜的制作过程对顾客来说是不可见的。

7.1.2 继承性

继承性用来描述类之间的关系，可以让一个类在其原有类的基础上对属性和行为进行扩展。例如，员工类描述了员工的属性和特有行为，可以衍生出信息部门的员工类、财务部门的员工类等，这些衍生出来的类在继承了原有类的属性及行为之后，还可以添加自己的特性和方法。继承性可以提高代码的利用率，使程序的可扩展性更强。

7.1.3 多态性

多态性是指一个类的实例的相同方法在不同情形下有着不同的表现形式。例如，当理发师听见"cut"时会执行剪发动作，而演员则会停止表演，不同的对象所表现出来的行为是不一样的。多态性以一种抽象的方式使程序员之间可以实现协调开发。

7.2 类的定义与对象的创建

在面向对象程序设计中，有两个非常重要的概念：类和对象。类是指一类事物的抽象，对象则表示某一个具体的事物。例如，将学生看作一个类，具体某一个学生则可以称为对象，每个学生可以有自己的属性和行为，例如学习、打球等。所以，类可以用来描述多个对象共同的特性，对象可以用来描述某个类中特定的成员，是类的一个实例。对象是根据类生成的，一个类可以有多个对象。

7.2.1 类的定义

类是创建对象的基础，在面向对象的思想中，只有类存在才能创建对象。类是 Java 程序的基础，所有对象都是基于类产生的。

类是对象的抽象，用于描述某一类对象的公共特征。类中的变量叫作类的成员变量，用于描述对象的属性；类中的函数叫作类的成员方法，用于描述对象的行为，类的定义格式如下：

```
class 类名 {
    成员变量 ;
    成员方法 ;
}
```

据此可以创建一个学生类，成员变量包括学号（num）、姓名（name）、性别（sex）；成员方法包括出勤 attend()。

```
public class Student {
    int num;
    String name;
    char sex;
    void attend() {
        System.out.println(name+" 已出席。");
    }
}
```

7.2.2　对象的创建

要使用某一个类，必须创建这个类的对象，创建类的对象的格式如下：

```
类名 对象名称 = null;
对象名称 = new 类名 ;
```

第一步用于声明对象，第二步用于对对象进行实例化。

也可以将上述两步化为一步，在声明对象的同时进行实例化，格式如下：

```
类名 对象名称 = new 类名 ;
```

如想对学生类进行实例化，可以写为：

```
Student stu = null;
stu = new Student();
```

也可以写为：

```
Student stu = new Student();
```

其中，new Student() 用于创建 Student 类的一个实例对象，Student stu 用来表示声明了一个 Student 类型的变量，变量名为 stu。

7.2.3　对象的使用

每个对象都有自己的属性和行为，这些属性和行为在类中体现为成员变量和成员方法，成员变量对应对象的属性，成员方法对应对象的行为。

在 Java 语言中，要引用对象的属性和行为，需要使用点操作符来访问。对象名称在圆点左边，而成员变量或成员方法的名称在圆点的右边。语法格式如下：

```
对象名.属性(成员变量)      // 访问对象的属性
对象名.成员方法名()        // 访问对象的方法
```

例如，定义了一个 Student 类，并创建了该类的对象 stu，便可以通过以下方式来访问对象的属性：

```
stu.name              // 访问 stu 的属性 name
stu.sex               // 访问 stu 的属性 sex
stu.attend()          // 调用 stu 的方法 attend
```

7.2.4 构造方法

构造方法又称为构造函数或构造器，是与类同名的一个方法，在构造类的对象时，构造方法会运行，从而将实例中的字段初始化为所希望的状态。

例如，Student 类的构造方法如下：

```
public Student(int nu, String n, char s){
    num = n;
    name = n;
    sex = s;
}
```

当使用以下语句来创建 Student 类的实例时：

```
new Student(1, "Jack", m)
```

程序就会把这个实例的字段设置成：

```
num = 1
name = "Jack"
sex = m
```

构造方法总是需要结合 new 运算符来调用，只用于对类构造一个新的对象，而不能被一个已有的对象调用。

在 Java 中，如果一个类没有写明任何构造函数，那么会产生一个无参的默认构造函数。

7.2.5 使用 this 关键字

在 Java 中，this 关键字代表对类的当前实例的引用，它只能在实例的上下文中使用。

关键字 this 代表其所在方法对当前对象的引用，以解决变量的命名冲突和不确定性问题。this 关键字的使用场景有以下 3 种：

（1）构造方法中指该构造器所创建的新对象。

（2）方法中指调用该方法的对象。

（3）在类本身的方法或构造器中引用该类的实例变量（全局变量）和方法。

例如，在一个类定义的方法中，出现了局部变量和实例变量重名的情况：

```
public class Student {
    String name;
    void Student(String n){                  // 构造方法
    name = n;
}
    void printName(String name){
    System.out.println("name: " + name);
    System.out.println("Instance name: " + this.name);
    }
}
```

可见，在 Student 类中的 printName 方法中，出现了局部变量 name 与实例变量 name 重名的情况。此时，用 this 关键字来引用实例变量 name，就可以将其与方法中的局部变量区分开。例如，使用下列语句创建一个名为 stu 的实例，并调用 printName 方法。

```
stu = new Student("Jack")
stu.printName("Tom")
```

程序运行结果如下：

```
name: Tom
Instance name: Jack
```

当调用 printName 方法时，方法中的 this 关键字指向的 name 是 stu 的成员变量，也就是我们使用构造函数赋予的值"Jack"，而 printName 传入的参数是该方法的局部变量，也就是值"Tom"，因此，当输出不带 this 关键字的 name 时，输出的是 Tom 这个值。这就是引用变量是否使用 this 关键字的区别。

同样，在类中的方法或构造器中使用 this 关键字也可以调用该类的其他方法。

1. this. 方法名称

这种用法可以调用本类的成员方法。例如，在 Student 类中存在两个成员方法：

```
public class Student {
    String name;
    void Student(String n){          // 构造方法
```

```
    name = n;
  }
  void printName(){              // 成员方法
    System.out.println(" 姓名 : " + this.name);
    this.attend();
  }
  void attend() {                // 成员方法
    System.out.println(" 已出席。 ");
  }
}
```

在方法 printName 中使用 this 关键字调用了本类的另一个方法 attend，那么在创建了一个 Student 类的对象并调用了 printName 方法时，attend 方法也会被执行。

```
stu = Studnet("Jack");
stu.printName()
```

程序运行结果如下：

```
姓名：Jack
已出席。
```

2. this()

this() 用于访问本类的构造方法，这种用法只能写在类的构造方法中，而不能写在普通成员方法中，并且必须写在构造方法的第一句。

```
public class Student {
  void Student(){
    System.out.println("hello world");
  }
  void Student(String n){              // 构造方法
    this();
    System.out.println(" 姓名： "+n);
  }
}
```

执行下列语句时：

```
stu = new Student("Jack")
```

程序运行结果如下：

```
hello world
姓名：Jack
```

注意：如果 this() 调用没有写在构造函数的第一句，编译时将会报错。

7.2.6 方法重载

在一个类中，是允许存在多个同名方法的，只要它们的参数个数或参数类型不同即可，而与方法的本体和返回值无关。

方法重载表现的是类的多态性。当需要一个可以处理不同参数个数或不同参数类型的方法时，就可以在类中定义多个相同名称的方法，并根据不同的情况配置参数。

例如，在 Student 类中将其构造方法进行重载，表示在构造对象时可以传入不同的参数来初始化对象。

```
public class Student {
    int num;
    String name;
    int age;
    void Student(int nu, String n){        // 构造方法 1
        num = nu;
        name = n;
    }
    void Student(int nu, String n, int a){    // 构造方法 2
        num = nu;
        name = n;
        age = a;
    }
}
```

将类的构造方法进行重载，两个方法的参数是不同的，想创建一个对象 stu，并以学生的编号、姓名作为初始值时，就可以使用下列语句：

```
stua = new Student(1, "Jack");
```

因为只传入了两个参数，所以程序会调用构造方法 1 来创建 stua 对象。

如果希望传入学生的编号、姓名、年龄，就可以使用下列语句：

```
stub = new Student(2, "Tom", 19);
```

这时，方法传入了 3 个参数，所以调用的是构造方法 2 来创建 stub 对象。

重载与重写的区别如下：

（1）方法重写存在于类的继承关系中，子类可以重写从父类继承的方法，但是必须与被重写方法的名称和参数保持一致。

（2）方法重载存在于一个类中，可以对相同名称的方法做多次定义，但是必须确保每个方法定义的参数是不同的。

【实例 1】 定义学生类的属性及方法，并创建学生对象测试方法的正确性。

```java
class Student{
    int num;
    String name;
    char sex;
    public int getNum() {
        return num;
    }
    public void setNum(int num) {
        this.num = num;
    }
    public String getName() {
        return name;
    }
    public void setName(String name) {
        this.name = name;
    }
    public char getSex() {
        return sex;
    }
    public void setSex(char sex) {
        this.sex = sex;
    }
    void attend() {
        System.out.println(" 学号： "+num+"， 姓名： "+name+"， 已出席。 ")
    }
}
public class StuDemo {
    public static void main(String[] args) {
        Student stu = new Student();
        stu.setNum(1);
        stu.setName(" 张三 ");
        stu.setSex('f');
        stu.attend();
    }
}
```

程序运行结果如下：

学号：1，姓名：张三，已出席。

7.3 类的继承

生活中的继承一般指下一辈获得上一辈留下的财产，Java 语言中的继承也是这种关系，即事物之间的所属关系。通过建立这种关系，可以使一部分事物形成一种体系。如图 7-1 所示，橘子和葡萄都属于水果，丑橘和蜜橘都属于橘子类，红提和青提都属于葡萄类。

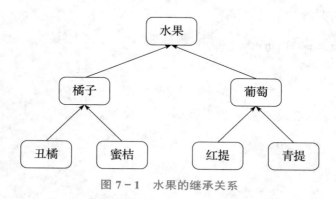

图 7-1 水果的继承关系

由图 7-1 可以看出，一个子类只能拥有一个父类，但是一个父类可以生成多个子类。例如，所有类都需要默认继承父类 Object 类便是 Java 语言中典型的继承关系。

7.3.1 创建子类

类的继承关系需要在现有的类的基础上构建出一个类，其中，现有的类称为父类，由父类派生出来的类叫作子类，因此它们之间的关系也称为继承关系。子类继承父类的属性和方法，拥有父类的特征和行为。语法格式如下：

```
class 父类 {
    ...
    }
class 子类 extends 父类 {
    ...
    }
```

其中，extends 用于说明继承的父类。下面通过水果类程序来说明子类和父类之间的继承关系。

```
class Fruit{
// 定义水果类
    private String name;
    private String color;
// 定义 get、set 方法
```

```java
    public String getName() {
        return name;
    }
    public String getColor() {
        return color;
    }
    public void setColor(String color) {
        this.color = color;
    }
    public void setName(String name) {
        this.name = name;
    }
}
class Orange extends Fruit{
// 定义橘子类
}
public class Demo01 {
// 定义测试类
    public static void main(String[] args) {
        Orange org = new Orange();          // 创建一个 Orange 的实例对象
        org.setName(" 丑橘 ");                // 访问父类中的方法
        org.setColor(" 黄色 ");               // 访问父类中的方法
        System.out.println(" 名字："+org.getName()+"，颜色："+org.getColor());
    }
}
```

程序运行结果如下：

名字：丑橘，颜色：黄色

在上述程序中，首先定义了一个 Fruit 类，接下来定义了一个 Orange 类并继承了
Fruit 类，但 Orange 类不进行任何操作，通过继承关系，Orange 类拥有了 Fruit 类的属
性及方法。从运行结果可以看出当调用子类的方法时，子类通过继承调用了父类的方法。
也就是说子类在继承了父类之后，会自动继承父类的属性及方法。

子类不仅可以继承父类的属性和方法，还可以在此基础上定义新的属性及方法。依
旧以水果类程序为例来说明。

```java
class Fruit{
// 定义水果类
    private String name;
    private String color;
// 定义 get、set 方法
```

```
    public String getName() {
        return name;
    }
    public String getColor() {
        return color;
    }
    public void setColor(String color) {
        this.color = color;
    }
    public void setName(String name) {
        this.name = name;
    }
}
class Orange extends Fruit{
// 定义橘子类
    private int weight;// 定义重量属性

    public int getWeight() {
        return weight;
    }
    public void setWeight(int weight) {
        this.weight = weight;
    }
}
public class Demo01 {
// 定义测试类
    public static void main(String[] args) {
        Orange org = new Orange();          // 创建一个 Orange 的实例对象
        org.setName(" 丑橘 ");               // 子类中没有该方法，访问父类中的方法
        org.setColor(" 黄色 ");              // 子类中没有该方法，访问父类中的方法
        org.setWeight(1);                    // 访问子类中定义的方法
        System.out.println(" 名字："+org.getName()+"，颜色："+
        org.getColor()+"，重量："+org.getWeight());
    }
}
```

程序运行结果如下：

名字：丑橘，颜色：黄色，重量：1

7.3.2　成员变量隐藏和方法的重写

在继承关系中，子类可以调用父类中的属性和方法，有时为了实现某种功能需要在

子类中对从父类继承过来的方法进行修改，也就是重写父类的方法，这种子类重新定义父类的方法的操作叫作重写。子类中重写的方法名需要和父类中被重写的方法名相同，参数列表返回值类型也需要一致。

下面通过对水果类程序的重写来说明。

```
class Fruit{
// 定义水果类
   void info() {
      System.out.println(" 我是一个水果 ");
   }
}
class Orange extends Fruit{
// 定义橘子类，重写 Fruit 类的 info 方法
   void info() {
      System.out.println(" 我是一个橘子 ");
   }
}
public class Demo01 {
// 定义测试类
   public static void main(String[] args) {
      Orange org = new Orange();          // 创建 Orange 类的实例对象
      org.info();                         // 调用 Orange 重新写的 info 方法
   }
}
```

程序运行结果如下：

我是一个橘子

在上述程序中，我们创建并实例化了 Orange 类的 org 对象，通过 org 对象调用 info() 方法，此 info() 方法是子类中重写的方法，而不是父类中的 info() 方法。

7.3.3 关键字 super

当子类重写父类的方法后，子类对象就无法访问父类中被重写的方法，这时需要通过 Java 语言中的 super 关键字来解决。super 关键字可以在子类中调用父类的一般属性、成员方法以及构造方法，语法格式如下：

```
super. 成员变量 ;
super. 成员方法 ( 参数 1,...);
```

通过下列程序说明如何使用 super 关键字访问父类的成员变量及方法：

```
class Fruit{                              //定义水果类
```

```
    void info() {
        System.out.println(" 我是一个水果 ");
    }
}
class Orange extends Fruit{
// 定义橘子类，重写 Fruit 类的 info 方法
    void info() {
        super.info();
        System.out.println(" 我是一个橘子 ");
    }
}
public class Demo01 {
    public static void main(String[] args) {
        Orange org = new Orange();
        org.info();
    }
}
```

程序运行结果如下：

```
我是一个水果
我是一个橘子
```

从输出结果可以看出，子类通过 super 关键字可以调用父类的成员变量及方法。

super 关键字与 this 关键字的作用非常类似，都可以调用构造方法、普通方法和属性，但是两者之间存在以下区别：

（1）this 关键字用来访问本类中的属性，如果本类中没有该属性，则从父类中寻找；super 关键字可以直接访问父类中的属性。

（2）this 关键字用来访问本类中的方法，如果本类中没有该方法，则从父类中寻找；super 关键字可以直接访问父类中的方法。

（3）this 关键字用来调用本类的构造方法时必须放在构造方法的首行；super 关键字调用父类的构造方法时必须放在子类构造方法的首行。

【实例 2】 定义子类，创建学生干部类。

```
class Student{
    int num;
    String name;
    char sex;
    void attend() {
        System.out.println(" 学号："+num+"，姓名："+name+"，已出席。");
    }
```

```
    void activity() {
        System.out.println(" 姓名：" + name + "，活动：学习 ");
    }
}
class Staff extends Student {
    void activity() {
        System.out.println(" 姓名：" + name + "，活动：参加活动 ");
    }
}
public class Demo01 {
    public static void main(String[] args) {
        Staff s = new Staff();
        s.name = " 张三 ";
        s.activity();
    }
}
```

程序运行结果如下：

姓名：张三，活动：参加活动

7.4　抽象、接口与多态

面向对象程序设计的特点之一就是多态，多态的体现方式之一就是抽象类和抽象方法。当定义一个类时，如前面讲的学生干部类的例子，对于不同类型的学生会有不同的行为，也就是说对于普通学生类的 activity() 方法和学生干部类的 activity() 方法的行为是不同的，因此无法确定 activity() 方法的具体表现。

7.4.1　抽象方法

抽象方法使用 abstract 关键字来修饰，抽象方法在定义时不需要具体的实现方法，语法格式如下：

abstract void 方法名称 (参数列表);

7.4.2　定义抽象类

当一个类中存在一个及以上抽象方法时，该类就为抽象类。抽象类和抽象方法一样，必须使用 abstract 关键字来进行修饰，语法格式如下：

```
abstract class 抽象类名称 {
    抽象方法 ;
}
```

从定义格式可以看出，抽象类相比于普通类只多了一项抽象方法，其他与普通类的组成基本相同，具体的定义规则如下：

（1）包含一个及以上抽象方法的类即为抽象类。

（2）抽象类和抽象方法都需要使用 abstract 关键字来声明。

（3）如果一个类继承了抽象类，那么该子类必须实现抽象类中定义的全部抽象方法。

（4）抽象方法只需要声明即可，不需要有具体的实现。

下面通过一个简单的例子来讲解抽象类的定义方法：

```java
abstract class Fruit{
    abstract void info();
}
class Orange extends Fruit{
    @Override          // 重写，实现抽象方法具体化
    void info() {
        System.out.println(" 我是一个橘子 ");
    }
}
public class Demo01 {
    public static void main(String[] args) {
        Orange org = new Orange();
        org.info();
    }
}
```

程序运行结果如下：

```
我是一个橘子
```

程序中定义了一个抽象类 Fruit，并声明了一个抽象方法 info()，在子类中对该抽象方法具体化，通过子类的实例化对象调用该方法的具体实现。

7.4.3　定义接口

如果一个抽象类的所有方法都是抽象的，则可以定义这个类为接口，接口其实是一种特殊的类，也可以继承其他的接口。接口由全局常量和抽象方法组成，JDK 1.8 以后允许接口中存在除了抽象方法以外的默认方法（使用 default 关键字修饰）和静态方法（使用 static 关键字修饰）。接口的语法格式如下：

```java
public interface 接口名 extends 接口 1, 接口 2...{
    // 全局常量
    // 抽象方法
    // 默认方法
```

```
   // 静态方法
}
```

其中，全局常量的定义使用"public static final"修饰词，抽象方法的定义使用"public abstract"修饰词，默认方法的定义使用"public default"修饰词。

与抽象类一样，接口也需要通过具体的实现类来实现其具体的抽象方法。子类通过 implements 关键字实现接口，并且子类要实现接口中的所有抽象方法。与抽象类的单继承不同的是，子类可以实现多个接口，也就是接口可以实现多继承。接口的实现类的语法格式如下：

```
class 类名 implements 接口 1, 接口 2...{
    ...
}
```

下面通过一个例子来说明接口的定义以及实现方式：

```
// 定义抽象类
interface Fruit{
    int NUM = 1;                  // 定义全局变量
    void info();                  // 定义抽象方法
    public static int geteNum() { // 定义类静态方法
        return Fruit.NUM;
    }
}
class Orange implements Fruit{
// 重写 Fruit 接口中的抽象方法 info()
    public void info() {
        System.out.println(" 我是一个橘子 ");
    }
}
public class Demo01 {
    public static void main(String[] args) {
        Orange org = new Orange();
        org.info();
    }
}
```

程序运行结果如下：

我是一个橘子

程序中定义了一个接口 Fruit，接口中定义了一个全局变量、一个静态方法以及一个抽象方法，在实现类中对抽象方法进行了具体的实现。

7.4.4 多态：方法的重载与重写

多态，从字面意思可以理解为多种形态，它是面向对象的特点之一。在 Java 语言中，多态是指不同对象在调用同一个方法时具有不同的行为。以水果类程序为例，调用不同水果的 info() 方法，所输出的信息是不同的。对于抽象类中的方法，每个继承它的子类通过重写该父类的方法而导致不同结果的现象就叫作多态。多态的表现形式主要有两种：方法重载和方法重写。

方法重载是指同一个类中的多个方法具有相同的名字，但这些方法具有不同的参数列表，也就是说参数的数量或参数类型不能完全相同。

方法重写存在于父类与子类之间，子类定义的方法必须要与父类中的方法具有相同的方法名字、相同的参数列表和相同的返回值类型。

具体应用见实例 3 和实例 4。

【实例 3】 方法重写的应用：为学生类及学生干部类增加日常活动方法。

```
class Student{
    int num;
    String name;
    char sex;
    void attend() {
        System.out.println(" 学号："+num+"，姓名："+name+"，已出席。");
    }
    void activity() {
        System.out.println(" 姓名："+name+"，活动：学习 ");
    }
}
class Staff extends Student{
    void activity() {
        System.out.println(" 姓名："+name+"，活动：参加活动 ");
    }
}
public class Demo01 {
    public static void main(String[] args) {
        Staff s = new Staff();
        s.name = " 张三 ";
        s.activity();
    }
}
```

程序运行结果如下：

姓名：张三，活动：参加活动

【实例 4】 方法重载的应用：学生期末成绩计算（多种比例分配）。

```java
class Stu_score{
    String name;
    float ps;    // 平时成绩
    float qz;    // 期中成绩
    float qm;    // 期末成绩
    void score(double ps,double qm) {
        double sum = 0.5*ps+0.5*qm;
        System.out.println(name+" 成绩为：" +sum);
    }
    void score(double ps,double qz,double qm) {
        double sum = 0.2*ps+0.2*qz+0.6*qm;
        System.out.println(name+" 成绩为：" +sum);
    }
}
public class Demo02 {
    public static void main(String[] args) {
        Stu_score s1 = new Stu_score();
        Stu_score s2 = new Stu_score();
        s1.name = " 张三 ";
        s1.score(90,88.5);
        s2.name = " 李四 ";
        s2.score(90.5, 100, 98);
    }
}
```

程序运行结果如下：

张三成绩为：89.25
李四成绩为：96.9

7.5 包的应用

为了使编写的 Java 程序的结构和层次更加清晰，Java 语言引入了包的概念，与操作系统中的文件夹概念类似，便于程序开发者管理程序。

7.5.1 包的创建与使用

1. 包的创建

包实际上就是存放类文件的一个文件夹，创建包也就是创建文件夹。包的结构层次如图 7 - 2 所示。

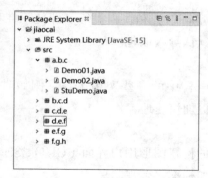

图 7-2　Eclipse 中包的层次结构

对于"jiaocai"这个文件夹来说，里面有"a.b.c"到"f.g.h"6 个包，每个包中可以存放以".java"为后缀的类文件。包中的每个类文件在程序的开头都会加入"package"语句，例如：

```
package a.b.c;
```

其作用是声明该类文件存在于此包中，如果其他程序想要引用该程序文件，就必须有这样的说明。在 Eclipse 中，如果在包中创建了类文件，那么系统会自动在程序的开头加上 package 的说明，如果用户要删除该语句，那么程序就会报错。

2. 包的使用

如果想使用包及包中的程序，则需要在程序中加入"import"语句，将外部类导入该程序。例如，包"a.b.c"中的程序希望使用"b.c.d"包中的 Fruit 类，声明方式如图 7-3 所示。

```
1 package a.b.c;
2 import b.c.d.Fruit;
```

图 7-3　包的使用方式

从图中可以看出，如果程序中存在"package"语句，那么"import"语句需要紧跟在"package"语句之后；如果程序中不存在"package"语句，那么"import"语句必须在程序的第一句。在一个程序中可以引入多个包，也就是说可以有多条"import"语句。

"import"语句的结构不仅可以像图 7-3 所示使用"包名.类名"这种具体的导入格式，也可以用"包名.*"格式，表示需要导入当前程序中的某一个类。

7.5.2　常见的系统包及类的使用

为了编写程序的方便，Java 语言提供了许多类，这些类存放在不同的包中，以包为管理单元，这些包称为类库，也称作 API（Application Programe Interface，应用程序接口）。

API 的作用：一是减少程序开发人员的代码量；二是这些类与系统硬件直接通信，可以扩展程序的功能。下面介绍几种 Java 语言中常用的 API 包。

1. java.lang 包

java.lang 包是 Java 的核心类库，包含了许多程序运行时必不可少的类，例如基本的数据类型类、数学函数类、字符串类和线程类等。即使不在程序开头声明导入此包，在 Java 程序运行时，系统也会默认导入该包。

2. java.util 包

java.util 包包含了 Java 语言中的一些实用工具，例如时间类 Date、集合类 List 等。使用该类程序的开发者可以更加快捷地工作。

3. java.awt 包

java.awt 是 Java 语言中的构建图形用户界面（GUI）类库，包含了许多界面元素，可使程序开发者编写的界面更加标准、美观。

7.5.3　类成员访问控制符与访问能力之间的关系

了解了包的创建及使用后，我们来思考一下：如果在程序中导入了某个包，但是这个包中的部分类或成员方法不希望被访问，应该怎么做呢？这就引出了新的知识点——访问控制权限。Java 提供了 4 种访问控制权限：private、default、protected 和 public，它们的权限级别如图 7-4 所示（从小到大）。

图 7-4　访问控制权限级别

（1）private 具有私有访问权限，用于修饰类中的属性或方法。一旦类中的属性或方法使用 private 关键字修饰，那么该成员或方法只能在本类中被访问。

（2）default 为默认访问权限。如果一个类中的属性或方法没有任何访问控制权限的说明，那么该属性或方法为默认访问权限。该权限可以被其所在包的其他类访问，但是不能被其他包中的类访问。

（3）protected 为受保护访问权限，如果一个类中的属性或方法使用了 protected 访问权限，则该属性或方法只能被本包或不同包的子类访问。

（4）public 为公共访问权限。如果一个类中的属性或方法使用了 public 访问权限，则该属性或方法可以在所有的类中被访问，包括不在同一个包中的任意类。

4 种访问控制权限的访问范围见表 7-1。

表 7-1　4 种访问控制权限的访问范围

访问范围	private	default	protected	public
同一类中	yes	yes	yes	yes
同一包中的类		yes	yes	yes
不同包中的子类			yes	yes
其他包中的类				yes

【**实例 5**】 定义两个包，实现不同权限的成员变量和成员方法的调用。

创建包文件 com.zn.lnnzy，在该包中创建一个 Student 类，在类中分别定义 4 种类型的变量及函数。

```
package com.zn.lnnzy;
public class Student {
    private int num;
    String name;
    protected int age;
    public char sex;
    private void info1() {
        System.out.println(" 该信息是私有访问权限 ");
    }
    void info2() {
        System.out.println(" 该信息是默认访问权限 ");
    }
    protected void info3() {
        System.out.println(" 该信息是受保护访问权限 ");
    }
    public void info4() {
        System.out.println(" 该信息是公共访问权限 ");
    }
}
```

在同一个包中创建一个 StudentDemo 类，调用 Student 类中的私有成员，程序如下：

```
package com.zn.lnnzy;
public class StudentDemo {
    public static void main(String[] args) {
        Student stu = new Student();
        int num = stu.num;
        System.out.println(num);
    }
}
```

在测试类中调用私有成员变量和方法，其运行结果如图 7-5 所示，可以看出私有成员变量在本包中的其他类以及其他包中的任何类都是不可以被访问的。

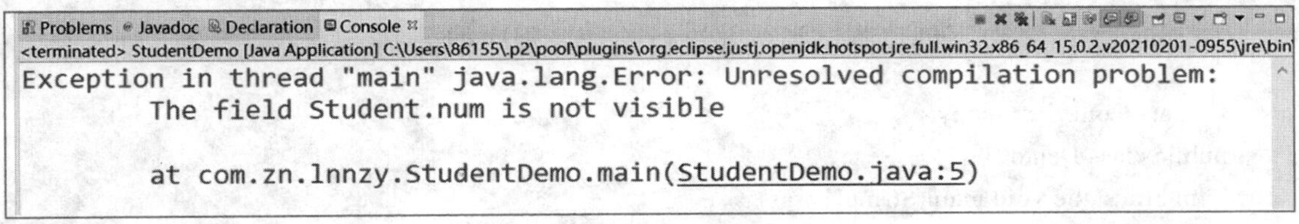

图 7-5 私有成员调用结果

接下来新建一个包，名为 com.zhny.lnnzy，在其中定义测试类 Demo01，并调用
Student 类中的默认访问权限的成员，程序如下：

```
package com.zhny.lnnzy;
import com.zn.lnnzy.Student;
public class Demo01 {
    public static void main(String[] args) {
        Student stu = new Student();
        String name = stu.name;    // 调用类中默认访问权限的成员变量
        stu.info2();               // 调用类中默认访问权限的成员方法
        System.out.println(name);
    }
}
```

在测试类中调用默认访问权限的成员，其运行结果如图 7-6 所示，可以看出默认访
问权限在其他包中的任何类都是不可以被访问的。

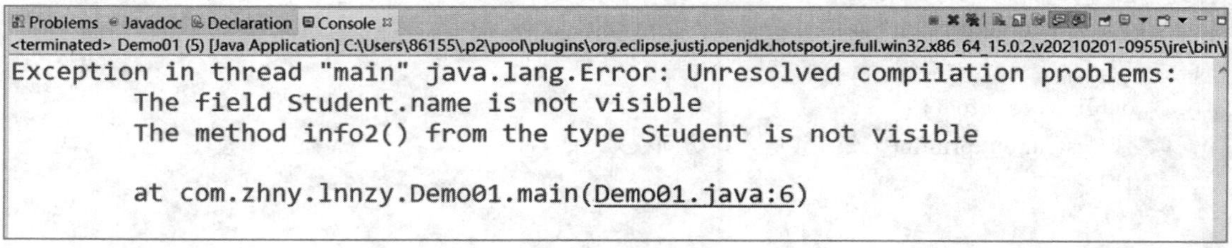

图 7-6 默认访问权限成员调用结果

然后在包 com.zhny.lnnzy（不同包）中创建 Student 类的子类——Staff 类，在 Staff
类中继承 Student 类，并重写父类的受保护权限的成员方法，程序如下：

```
package com.zhny.lnnzy;
import com.zn.lnnzy.Student;
public class Staff extends Student {
    protected void info3() {
        System.out.println(age);    // 调用受保护成员变量
        System.out.println(" 重写 Student 的 protected 方法 ");
    }
}
```

在 Staff 类所在包下创建测试类，并进行验证，程序如下：

```
package com.zhny.lnnzy;
public class Demo01 {
    public static void main(String[] args) {
        Staff st = new Staff();
```

```
        st.info3();
    }
}
```

如图 7 - 7 所示，通过调用测试类验证结果，可以看出受保护访问权限的成员在不同包的子类中是可以被访问的。

```
🞄 Problems · Javadoc ㊀ Declaration · Console ✕                                              🔲 ✖ 🗲 | 🔒 🔳 🖳 🔂 ⮐ ⯈ ▾ 🔲 ▾ 🔻
<terminated> Demo01 (5) [Java Application] C:\Users\86155\.p2\pool\plugins\org.eclipse.justj.openjdk.hotspot.jre.full.win32.x86_64_15.0.2.v20210201-0955\jre\bin\
1
重写Student的protected方法
```

图 7 - 7 受保护访问权限成员的调用结果

7.6 单元实训

【实训 1】 猜数字游戏

7 - 1 猜数字游戏

一个类 A 有两个成员变量 v、num，v 有一个初值 100。定义一个方法 guess，对 A 类的成员变量 v 用 num 进行猜测，如果猜大了则提示"猜得有点儿大了，大了多少不清楚!"，猜小了则提示"猜得有点儿小了，小了多少不清楚!"，猜对了则提示"猜对了"。在 main 方法中测试。

实训分析：这道题就是对创建类的知识点的应用，即在类中创建两个成员变量和一个 guess 方法。

```java
import java.util.Scanner;
public class Game {
    // 创建属性 v
    private int v = 100;
    public static void main(String[] args) {
        int num;
        Game g = new Game();
        System.out.println(" 请输入一个数字： ");
        Scanner sc = new Scanner(System.in);
        num = sc.nextInt();
        g.guess(num);
    }
    // 构造方法
    public void game() {
        System.out.println(" 创建对象 ...");
    }
```

```
    // 书写 guess 方法
    public void guess(int num) {
        if(num>v) {
            System.out.println(" 猜得有点儿大了，大了多少不清楚！ ");
        }else if(num<v) {
            System.out.println(" 猜得有点儿小了，小了多少不清楚！ ");
        }else {
            System.out.println(" 猜对了！ ");
        }
    }
}
```

程序运行结果如下：

```
请输入一个数字：
102
猜得有点儿大了，大了多少不清楚！
```

【实训 2】 计算圆的面积和周长

创建一个圆，并计算其面积和周长。

实训分析：创建一个圆 Circle 类。为该类提供一个变量 r 表示半径，一个常量 PI 表示圆周率。为该类提供两个方法：方法一用于求圆的面积，方法二用于求圆的周长。为该类提供一个无参的构造方法，用于初始化 r 的值为 4。在 main 方法中测试。

7 - 2 求圆的面积和周长

```
// 创建一个圆 Circle 类
public class Circle {
    // 为该类提供一个变量 r 表示半径，一个常量 PI 表示圆周率
    public double r;
    public final double PI = 3.14;
    // 为该类提供一个无参的构造方法，用于初始化 r 的值为 4。
    public Circle() {
        System.out.println(" 无参数的构造函数：为 r 赋值为 4");
        r = 4;
    }
    // 方法一用于求圆的面积
    public void area() {
        System.out.println(r);
        System.out.println(" 圆的面积为： " + PI * r * r);
    }
    // 方法二用于求圆的周长
    public void girth() {
```

```
        System.out.println(r);
        System.out.println(" 圆的周长为：" + 2 * PI * r);
    }
    // main 方法
    public static void main(String[] args) {
        System.out.println("-----");
        Circle c = new Circle();
        System.out.println("-----");
        c.area();
        c.girth();
    }
}
```

程序运行结果如下：

```
-----
无参数的构造函数：为 r 赋值为 4
-----
4.0
圆的面积为：50.24
4.0
圆的周长为：25.12
```

【实训 3】 定义交通工具类，通过定义函数来控制速度

定义一个交通工具类，属性包括速度（speed）和车的类型（type）等。方法包括移动（move()）、设置速度（setSpeed(double s)）、加速（speedUp(double s)）、减速（speedDown(double s)）等。

实训分析：在测试类 Vehicle 中的 main() 中实例化一个交通工具对象，并通过构造方法给它初始化 speed 和 type 的值，并且打印出来。另外，调用加速、减速的方法对速度进行改变。

7-3 控制交通工具的速度

```
public class Vehicle {
    public double speed;
    public String type;
    // 移动方法
    public void move() {
        System.out.println(type + " 速度 " + speed + " 迈 ----");
    }
    // 设置速度方法
    public void setSpeed(double s) {
        speed = s;
    }
    // 加速
```

```java
    public void speedUp(double num) {
        speed += num;
    }
    // 减速
    public void speedDown(double num) {
        if (speed >= num) {
            speed -= num;
        } else {
            speed = 0;
        }
    }
    public Vehicle() {
        speed = 70;
        type = " 凯迪拉克 ";
        System.out.println(type + " 速度 " + speed + " 迈 ----");
    }
    public static void main(String[] args) {
        Vehicle v = new Vehicle();            // 创建对象
        v.move();
        v.setSpeed(80);                       // set 速度为 80
        v.move();
        v.speedUp(50);                        // 速度加 50
        v.move();
    }
}
```

程序运行结果如下：

```
凯迪拉克 速度 70.0 迈 ----
凯迪拉克 速度 70.0 迈 ----
凯迪拉克 速度 80.0 迈 ----
凯迪拉克 速度 130.0 迈 ----
```

技能检测

一、选择题

1. 对于构造方法，下列叙述正确的是（   ）。

    A. 构造方法的方法名必须与类名相同

    B. 构造方法必须用 void 申明返回类型（没有返回类型时）

    C. 构造方法不可以被程序调用

    D. 若编程人员没在类中定义构造方法，程序将报错

2. 下列说法正确的是（　　　）。

A. 一个子类可以有多个父类，一个父类也可以有多个子类（只可以单继承）

B. 一个子类可以有多个父类，但一个父类只可以有一个子类

C. 一个子类可以有一个父类，但一个父类可以有多个子类

D. 上述说法都不对

3. 下列有关类的说法，不正确的是（　　　）。

A. 对象是类的一个实例

B. 任何一个对象只能属于一个具体的类

C. 一个类只能有一个对象

D. 类与对象的关系和数据类型与变量的关系相似

4. 在创建对象时，必须（　　　）。

A. 先声明对象，然后才能使用对象

B. 先声明对象，为对象分配内存空间，然后才能使用对象

C. 先声明对象，为对象分配内存空间，对对象初始化，然后才能使用对象

D. 以上说法都正确

5. 使用关键字（　　　）可以创建对象。

A. object　　　　　　B. instantiate　　　　C. create　　　　　D. new

6. 下列的方法声明中，正确的是（　　　）。

A. public class methodName(){}　　　　B. public void int methodName(){}

C. public void methodName(){}　　　　D. public void methodName{}

7. Java 语言所有类的父类是（　　　）。

A. String　　　　　　B. Vector　　　　　C. Object　　　　　D. KeyEvent

8. 用于导入已定义好的类或包的语句是（　　　）。

A. main　　　　　　B. import　　　　　C. public class　　　D. class

9. 下列关于变量作用域的说法，不正确的是（　　　）。

A. 变量属性是用来描述变量作用域的

B. 局部变量作用域只能在它所在的方法程序段中

C. 类变量能在类的方法中声明

D. 类变量的作用域是整个类

10. 下列关于继承的说法，正确的是（　　　）。

A. 在 Java 语言中，类只允许单一继承

B. 在 Java 语言中，一个类只能实现一个接口

C. 在 Java 语言中，一个类不能同时继承一个类和实现一个接口

D. 在 Java 语言中，接口只允许单一继承

二、编程题

1. 声明一个 Student 类，给 Student 类添加 3 个 String 类型的属性，分别是 name、sex、mark；定义两个方法，分别是 printName 和 printMark。

（1）在 main 方法中创建一个名为 stu 的 Student 对象，并设置 name 为张三，sex 为男，mark 为 A。

（2）使得调用 stu 对象的 printName 方法能输出对象的 name，调用 printMark 方法能输出对象的 mark。

2. 创建一个 Student 类，给 Student 类定义一个无参构造方法和一个有参构造方法，有参构造方法定义两个 String 类型参数 name 和 sex，在 main 方法中调用无参构造和有参构造方法。

（1）调用无参构造方法输出：

一个学生被创建了

（2）调用有参构造方法应根据输入的数据输出对应的结果。

例如，输入：

张三，男

则输出：

姓名：张三，性别：男，被创建了

3. 创建一个名称为 PackageOne 的包，使它包含 FirstClass 和 FirstSubClass 类。OneClass 类应当包含变量声明，其值从构造方法中输出。FirstSubClass 类从 FirstClass 派生而来。然后创建一个名称为 SecondPackage 的类，使它导入上述包，并创建一个 SecondSubClass 类的对象。

单元 ⑧

异常处理

📖 单元导读

在实际应用中，应用程序可能会出现一些意料之外的故障。对此，我们在编写程序时要考虑哪些微模块可能会出现问题，然后采取相应措施，尽量避免可能出现的故障，或者给出一个合理化的建议及解释。

📚 学习目标

✓ 了解错误与异常的关系，能够在实际应用中分类处理。

✓ 掌握异常的处理机制，能够使用 try…catch…finally 模块捕获并处理异常。

✓ 理解 throw 和 throws 的区别，能够自主抛出异常并为方法声明异常。

✓ 掌握异常的自定义方法，能够根据实际需要自定义异常。

📚 课程思政目标

异常的实质是看似完美的程序，却在应用中因为各种不可预知事件的发生而出现错误。使用异常捕捉与处理模式虽然不能在事故中彻底挽救程序，却可以给用户一个好的体验，减少用户的损失，使用户在遇到故障时不至于手足无措。同样的道理也体现在现实生活中，面对错综复杂的人生，我们如何保持初心，如何应对负能量？我们是否为每一个决策、每一件事预留好 try…catch 的空间；是否为他人预留了一定的空间，从而避免他人对我们启动危机处理机制。

8.1 错误与异常

8.1.1 错误的分类

程序在设计与运行中可能会出现以下 3 种错误：

1. 语法错误

语法错误包括大小写错误，缺少分号等。存在语法错误的程序不能通过编译，也不能运行。

2. 逻辑错误

这种程序严格来讲是"正确"的程序，能够通过编译并成功执行，只是运行结果和预期不一致。这种错误排查起来比较困难。

3. 异常错误

异常错误是指程序能够通过编译，但在运行过程中发生了错误。如数组越界、除法溢出、操作时未找到文件等。

8.1.2 异常处理机制

异常的发生与程序的运行环境紧密相关。例如，某台电脑中的系统运行时需要与另一台电脑交互数据，若此时硬件发生故障，数据库服务器损坏，就会引发异常。也就是说，异常是否会发生，什么时候发生都是不确定的。面对异常，可采用两种处理机制：一种是捕获异常，立即处理；另一种是向上一层抛出异常类对象。

捕获异常主要使用 try、catch、finally 语句块：try 尝试运行，catch 捕获各种可能的异常，finally 是最后的处理模块。捕获的异常类对象既可以是系统已经定义好的，也可以是用户使用 throw 语句抛出的自定义异常。例如，进行人员管理时，可以定义年龄小于 0 和大于 150 为异常。如果在一个方法内部，没有立即捕获并处理可能发生的异常，就需要在方法名的后面使用 throws 语句声明，以便上层应用程序捕获并处理。

【实例 1】 除数为 0 的异常。

除数为 0 是初学者经常遇到的异常。本实例介绍了两种应对方法：一种是不加任何限制，当输入不合理时，程序发生异常并终止；另一种是采取一定的方法来避免异常的发生。

方法一：不加任何限制，当输入不合理时，程序发生异常并终止。

```
import java.util.Scanner;
public class myExecption {
    public static void main(String args[]){
        Scanner xin= new Scanner(System.in);
        int a,b,c;
        System.out.println(" 输入被除数和除数 ");
```

```
            a=xin.nextInt();
            b=xin.nextInt();
            c=a/b;
            System.out.println(a+" 除以 "+b+" 的商为 "+c);
        }
    }
```

程序运行结果如下：

输入被除数和除数
96(回车) 25(回车)
96 除以 25 的商为 3
再次运行
输入被除数和除数
96(回车) 0(回车)
Exception in thread "main" java.lang.ArithmeticException: / by zero
    at myExecption.main(myExecption.java:9)
提示发生了除数为 0 的异常。

方法二：采取一定的方法来避免异常的发生。

```
import java.util.Scanner;
public class myExecption {
    public static void main(String args[]){
        Scanner xin= new Scanner(System.in);
        int a,b,c;
        System.out.println(" 输入被除数和除数 ");
        a=xin.nextInt();
        b=xin.nextInt();
        int i=0;
        while(b==0){
            System.out.println(" 除数不能为 0，请重新输入除数 ");
            b=xin.nextInt();
            if(i++>3) return;
        }
        c=a/b;
        System.out.println(a+" 除以 "+b+" 的商为 "+c);
    }
}
```

程序运行结果如下：

输入被除数和除数
96(回车) 0(回车)

除数不能为 0，请重新输入除数
3
96 除以 3 的商为 32

本实例中我们自己进行了除数为 0 的判断：如果除数为 0，输出"除数不能为 0，请重新输入除数"的提示。没有出现异常。

【实例 2】 数组越界异常。

数组越界异常是一种发生概率比较大的异常。

```java
import java.util.Scanner;
public class myExecption {
  public static void main(String args[]){
    Scanner xin= new Scanner(System.in);
    String[] fruit={" 苹果 "," 橘子 "," 香蕉 "," 草莓 "," 西瓜 "," 葡萄 "," 芒果 "," 柠檬 "," 鸭梨 "," 桃子 "};
    System.out.println(" 请输入你喜欢的水果的序号 ");
    for(int i=0;i<10;i++)
    {
      System.out.print((i+1)+"--"+fruit[i]+"\t");
      if(i==4)System.out.println();
    }
    int love= xin.nextInt();
    System.out.println(" 你喜欢的水果是 "+fruit[love-1]);
  }
}
```

程序运行结果如下：

请输入你喜欢的水果的序号
1-- 苹果　　2-- 橘子　　3-- 香蕉　　4-- 草莓　　5-- 西瓜
6-- 葡萄　　7-- 芒果　　8-- 柠檬　　9-- 鸭梨　　10-- 桃子
4(回车)
你喜欢的水果是草莓

再次运行程序：

请输入你喜欢的水果的序号
1-- 苹果　　2-- 橘子　　3-- 香蕉　　4-- 草莓　　5-- 西瓜
6-- 葡萄　　7-- 芒果　　8-- 柠檬　　9-- 鸭梨　　10-- 桃子
20
Exception in thread "main" java.lang.ArrayIndexOutOfBoundsException: 19 at myExecption.main
(myExecption.java:13)

本实例中，程序期望用户输入一个 1 到 10 的整数，如果用户输入的整数不在这个范围内，就会引发数组越界异常。

8.2 异常处理

8.2.1 try…catch…finally 语句捕获异常

异常的处理通常采用 try、catch、finally 语句块。

1. try 语句块

try 语句块用于指定可能会产生异常的语句范围，也是为 catch 规定异常捕获的语句范围。

语法格式如下：

```
try
{ 可能会产生异常的语句块；
}
```

2. catch 语句块

catch 语句块用于指明需要捕获的异常事件的类型并给出相应的处理方法。

语法格式如下：

```
catch( 异常事件的类型对象名 )
{// 给出处理的方法（代码）;
}
```

应用 catch 语句块编程时应注意以下几点：

（1）应从特殊到一般进行匹配（将特殊类型的异常事件放在一般类型的异常事件前面）。

（2）try 与 catch 之间不能有其他语句（不能被隔断）。举例如下：

```
try
{
}
int x=1;   // 错误，不能被隔断
catch(Exception e)
{
}
```

3. finally 语句块

异常处理的最后一步是通过 finally 语句块为异常处理提供一个统一的出口，以便在控制流转到程序的其他部分之前，对程序的状态进行统一的管理。不论在 try 语句块中是

否发生了异常事件，finally 语句块都会被执行。

【实例 3】 利用异常处理机制处理除数为 0 的异常。

本实例将采用 try…catch 模式处理除数为 0 的异常，注意 catch 语句块可以有多个，例如本实例在处理除数为 0 的异常的同时，还处理了数据大小越界异常。

```java
import java.util.InputMismatchException;
import java.util.Scanner;
public class myExecption {
  public static void main(String args[]){
    Scanner xin= new Scanner(System.in);
    int a,b,c;
    System.out.println(" 输入被除数和除数 ");
    try{
      a=xin.nextInt();
      b=xin.nextInt();
      c=a/b;
      System.out.println(a+" 除以 "+b+" 的商为 "+c);
    }
    catch(ArithmeticException e){
      System.out.println(" 发生运算错误，除数不能为 0");
    }
    // 捕捉数据范围越界错误
    catch(InputMismatchException e){
      System.out.println(" 数据大小越界 ");
    }
  }
}
```

程序运行结果如下：

输入 96 和 6，输出 "96 除以 6 的商为 16"。
输入 96 和 0，输出 "发生运算错误，除数不能为 0"。
输入 999999999999(12 个 9) 时，输出 "数据大小越界"。

【实例 4】 数组越界异常的捕获及处理。

在 try…catch…finally 中，catch 语句块可以有多个，finally 语句块可以没有或至多有一个。如果有 finally 语句块，无论程序是否发生异常其都会被执行。

```java
import java.util.Scanner;
public class myExecption {
  public static void main(String args[]){
    Scanner xin= new Scanner(System.in);
```

```
        String[] fruit={" 苹果 "," 橘子 "," 香蕉 "," 草莓 "," 西瓜 "," 葡萄 "," 芒果 "," 柠檬 "," 鸭梨 "," 桃子 "};
        System.out.println(" 请输入你喜欢的水果的序号 ");
        for(int i=0;i<10;i++)
        {
            System.out.print((i+1)+ "--"+fruit[i]+ "\t");
            if(i==4)System.out.println();
        }
        System.out.println();
        int love= xin.nextInt();
        try{
            System.out.println(" 你喜欢的水果是 "+fruit[love-1]);
        }catch(ArrayIndexOutOfBoundsException e){
            System.out.println(" 请选择正确的序号 ");
        }
        finally{
            System.out.println(" 你选到满意的水果了吗？ ");
        }
    }
}
```

程序运行结果如下：

输入 20，结果为："请选择正确的序号"，"你选到满意的水果了吗？"。
再次运行
输入 5，结果为："你喜欢的水果是西瓜"，"你选到满意的水果了吗？"。

8.2.2　throw 语句抛出异常

用户除了需要处理常见的"除零异常""越界异常"外，还可以
根据需要自主抛出异常。

【实例 5】　使用异常处理机制限制人员年龄只能是 1 到 120 的整
数，即 1 ≤年龄≤ 120。

8 - 1　使用 throw
语句抛出用户异常

```
import java.util.InputMismatchException;
import java.util.Scanner;
public class myExecption {
    public static void main(String args[]){
        Scanner xin= new Scanner(System.in);
        int age;
        System.out.println(" 请输入你的年龄 ");
        try{
            age=xin.nextInt();
            if(age<1)
```

```
            throw new Exception(" 请出生后再来玩 ");
        if(age>120)
            throw new Exception(" 你的年龄已经超过正常人 ");
        System.out.println(" 你的年龄为 "+age);
    }
    catch(InputMismatchException e){
        System.out.println(" 数据大小越界 ");
    }
    catch(Exception e){
        System.out.println(e.getMessage());
    }
  }
}
```

程序运行结果如下：

输入 18，输出 "你的年龄为 18"。
输入 0，输出 "请出生后再来玩"。
输入 180，输出 "你的年龄已经超过正常人"。
输入 999999999999(12 个 9)，输出 "数据大小越界"。

可以看出，捕获的异常既可以是系统抛出的，也可以是用户根据需要通过 throw 语句抛出的。本实例分别捕获了 InputMismatchException（数据越界）异常和 Exception（异常的基类）异常。写代码时要注意先后顺序，如果捕获 Exception 异常在前，那么后面的 InputMismatchException 异常就没有机会被捕获。

8.2.3 使用 throws 语句声明异常

发生异常时，可以通过其上层应用程序处理。为了让上层应用程序知道被调用方法可能发生的异常，要在定义方法时使用 throws 语句进行异常声明。

8-2 使用 throw
语句声明异常

【实例 6】 定义年龄输入方法，在方法中抛出异常，并在上层程序中捕获这个异常。

```
import java.util.Scanner;
public class myExecption {
    public static void main(String args[]){
        int age;
        try {
            age= new myExecption().getAge();
            System.out.println(" 你的年龄为 "+age);
        } catch (Exception e) {
```

```
            System.out.println(e.getMessage());
        }
    }

    public int getAge() throws Exception{
        Scanner xin= new Scanner(System.in);
        int age;
        System.out.println(" 请输入你的年龄 ");
        age=xin.nextInt();
        if(age<1)throw new Exception(" 请出生后再来玩 ");
        if(age>120)throw new Exception(" 你的年龄已经超过正常人 ");
        return age;
    }
}
```

程序运行结果如下：

输入 18，输出 "你的年龄为 18"。
输入 0，输出 "请出生后再来玩"。
输入 180，输出 "你的年龄已经超过正常人"。

将鼠标指针放在 new myExecption().getAge(); 语句上，可以看到被调用方法可能出现异常的信息提示。当被调用方法没有对可能发生的异常进行捕获、处理时，主调方法就需要捕获、处理或者继续向上一层抛出。在定义方法时通过 throws 语句声明异常，可起到提醒上级方法处理的作用。

8.3 自定义异常

为了提升应用程序的健壮性，Java 定义了很多可能出现的异常，即异常类。当异常发生时，便可有对应的处理和补救机制，不至于造成整个应用程序崩溃。但是在复杂的业务系统中，用户需要更多的提示信息，以便快速定位异常发生的点，明确异常发生的原因，此时仅仅使用 Java 自身的异常类是不够的。这就需要用户自定义异常。

自定义异常通常有两种格式：

格式一：public class xxxException extends Exception{…}

格式二：public class xxxException extends RuntimeException{…}

格式一是继承 Exception 的自定义异常，属于编译期异常，必须加以处理。要么在方法内部使用 try…catch 语句捕获并处理，要么使用 throws 语句声明异常。无论采用哪种方法，最终这个异常必须得到处理。

格式二是继承 RuntimeException 的自定义异常，属于运行期异常，不会强制程序员处理，可以直接交给虚拟机。如前面的 InputMismatchException 异常就属于 RuntimeException 类异常。

和普通类的继承一样，在自定义异常类中可以根据需要编写自己的方法，还可以对父类已经存在的方法进行重写。自己添加的方法通常是该异常发生时的一些补救措施。父类方法中常用的是 getMessage() 方法，可以进行改写。

【实例 7】 自定义年龄异常。

本实例将采取两种方式定义异常。

方式 1：继承 Exception 类定义年龄异常类，在主方法中进行处理。

```java
import java.util.Scanner;
public class myExecption {
  public static void main(String args[]){
    Scanner xin= new Scanner(System.in);
    int age;
    System.out.println(" 请输入你的年龄 ");
    try {
      age=xin.nextInt();
      if(age<1)throw new ageException(age);
      if(age>120)throw new ageException(age);;
      System.out.println(" 你的年龄为 "+age);
    }
     catch (ageException e) {
      e.getMessage();
    }
  }
}

class ageException extends Exception{
  private int age;
  public ageException(){}

  public ageException(int age){
    this.age=age;
  }
  public String getMessage(){
    if(age<1)
      return " 请出生后再来玩 ";
    else
      return " 你的年龄已经超过正常人 ";
  }
}
```

当年龄不合适时，抛出两个自定义异常。由于异常继承自 Exception，所以必须加以处理。

方式 2：继承 RuntimeException 类定义年龄异常类，在主方法中进行处理。

```java
import java.util.Scanner;
public class myExecption {
    public static void main(String args[]){
        Scanner xin= new Scanner(System.in);
        int age;
        System.out.println(" 请输入你的年龄 ");
        age=xin.nextInt();
        if(age<1)throw new ageException(age);
        if(age>120)throw new ageException(age);;
        System.out.println(" 你的年龄为 "+age);
    }
}


class ageException extends RuntimeException{
    private int age;
    public ageException(){}

    public ageException(int age){
        this.age=age;
    }
    public String getMessage(){
        if(age<1)
            return " 请出生后再来玩 ";
        else
            return " 你的年龄已经超过正常人 ";
    }
}
```

本实例抛出的自定义异常类为继承自 RuntimeException 类的异常，既可以在应用程序中加以捕获并处理，也可以将其交给虚拟机。

技能检测

一、选择题

1. Java 程序中用来抛出异常的关键字是（　　）。
　　A. try　　　　　　　　B. catch　　　　　　C. throw　　　　　　D. finally
2. 下列关于异常处理的说法，正确的是（　　）。
　　A. 异常是一种对象
　　B. 程序一旦运行，异常即被创建

C. 为了保证程序运行速度，要尽量避免异常控制

D. 以上说法都不对

3. 下列关于异常的程序的执行结果是（　　　）。

```
public class Test {
public static void main(String args[]) {
try {
    System.out.println("try");return;
} catch(Exception e){
    System.out.println("catch");
}finally {
    System.out.println("finally");
}}}
```

A. try
　catch
　finally

B. try
　finally

C. catch
　finally

D. try

4. 运行下列程序，输出结果为（　　　）。

```
public static void main(String[] args) {
try {
    int num1 = 2,num2 = 0,result = num1 / num2;
    System.out.println(result);
    throw new NumberFormatException( );
} catch (ArrayIndexOutOfBoundsException e) {
    System.out.print("1");
} catch (NumberFormatException e) {
    System.out.print("2");
} catch (Exception e) {
    System.out.print("3");
} finally {
    System.out.print("4");
    System.out.print("5");
}
}
```

A. 134　　　　　　　B. 2345　　　　　　C. 1345　　　　　　D. 345

5. 异常的处理通常采用（　　　）语句块。

A. try、catch、finally　　　　　　　　B. catch、try、finally

  C. finally、try、catch   D. try、finally、catch

6. 下列程序运行时，如果输入 -1，输出结果为（   ）。

```
public static void main(String[] args) {
Scanner input = new Scanner(System.in);
System.out.print(" 请输入数字：");
try {
    int num = input.nextInt();
    if (num < 1 || num > 4) {
        throw new Exception(" 必须在 1-4 之间！");
        }
} catch (InputMismatchException e) {
    System.out.println("InputMismatchException");
} catch (Exception e) {
    System.out.println(e.getMessage());
}}
```

  A. 输出：InputMismatchException   B. 输出：必须在 1-4 之间！

  C. 什么也没输出   D. 编译错误

7. 在自定义异常时，继承父类 Exception 和继承父类 RuntimeException 的区别是（   ）。

  A. 前面的异常对象必须捕获并处理，后面的可以不处理直接交给虚拟机

  B. 后面的异常对象必须捕获并处理，前面的可以不处理直接交给虚拟机

  C. 自定义异常的对象，两种方法相同，都必须在方法中捕获并处理

  D. 自定义异常的对象，两种方法相同，都可以交给虚拟机处理

8. 下列关于异常处理的说法，错误的是（   ）。

  A. 在 try…catch…finally 语句块中，try 语句是必不可少的

  B. 在 try…catch…finally 语句块中，catch 语句可以有多个，且捕获顺序没有特殊
   要求

  C. finally 语句块可有可无，不是必需的

  D. try…catch…finally 语句块和选择、循环结构一样，可以嵌套，不可以交叉

9. finally 语句块中的代码（   ）。

  A. 总是被执行

  B. 当 try 语句块后面没有 catch 时，finally 中的语句才会被执行

  C. 异常发生时才执行

  D. 异常没有发生时才执行

10. 下列程序的输出结果是（   ）。

```
public class myExecption {
    static void procedure() {
    try{
```

```
              int c[]={1};    c[42]=99;
              }
        catch(ArrayIndexOutOfBoundsException e){
            System.out.println(" 数组超越界限异常 ");
          } }
      public static void main(String args[]){
        try{
      procedure();
            int b=42/0;
      System.out.println("b="+b);
            }
      catch(ArithmeticException e){
      System.out.println(" 除零异常： ");
            }
          }
```

A. 程序编译错误，不能执行   B. 数组超越界限异常

C. 除数为 0 异常   D. 发生数组超越界限异常

                                               除 0 异常：

二、填空题

1. 下列程序抛出了一个"异常"并将其捕获。请在横线处填入适当内容使程序完整。

```
class ThrowsDemo{
    static void procedure() throws IllegalAccessExcepton{
System.out.println("inside procedure");
        throw_____IllegalAccessException("demo");
    }
public static void main(String args[]){
try{
procedure();
    }
    _____{
System.out.println(" 捕获： "+e);
    }
    }
```

2. _____关键字通常用于在方法体中抛出一个异常对象。在特定条件下，该语句得到执行，使其后面的语句无法被执行。_____关键字通常被用于在声明方法时指定可能抛出的异常。多个异常可以用逗号隔开。在主函数中调用该方法时，如果发生异常，就会将异常对象抛至方法调用处。

3. 下列代码的输出结果为_____。

```
    try{
```

```
    int a;
    if(5+6>10)
      return;
    a=9/0;
  }
catch(ArithmeticException e){
  System.out.println(" 除数为 0 异常 ");
}
finally{
  System.out.println("Finally");
  }
}
```

4. 同一段程序可能产生不止一种异常。可以放置多个_____语句，这样，每一种异常类型都将被检查，第一个与之匹配的就会被执行。

5. 异常处理机制允许根据具体的情况选择在何处处理异常，可以在_____捕获并处理，也可以用 throws 语句将其交给_____处理。

6. 补充程序，实现异常的抛出。

```
public static void main(String args[]){
    throw Exception(10);
  }
  public static void throwException(int n)
  {
    if(n==0){
      // 抛出一个 NullPointerException}
    }else{
      // 抛出一个 ClassCastException
      // 设定详细信息为 " 类型转换出错 "}
    }
  }
```

7. 一个 try 语句块后必须跟_____语句块，_____语句块可以没有。

三、编程题

计算圆的面积，如果半径为 0 或负数，则抛出 RuntimeException 异常。

单元 ⑨
图形用户界面设计

单元导读

　　我们使用的手机、电脑的操作界面都是图形化的，图形化界面可以为用户带来极大的使用便利。前面介绍的 Java 与应用程序的交互通过控制台实现的，那么 Java 有图形化的界面吗？如何产生这些界面？如何展示信息以及接收数据？通过本单元的学习，我们可以将前面各单元的程序通过面板输出，通过文本框输入。

学习目标

　　✓ 理解容器组件与基本组件的关系及应用，能够根据需要选择合适的组件。

　　✓ 理解容器的布局，掌握布局管理器的使用，能够根据需要选择合适的布局方法。

　　✓ 掌握标签、文本框、按钮、对话框等基本组件的构造及常用方法。

　　✓ 掌握事件的监听与处理机制，能够在实际应用中选择合适的监听器。

　　✓ 了解接口和适配器的关系，能够根据需要选用合适的方案。

课程思政目标

　　图形界面可以理解为包装后的程序代码，将输入、输出、展示等功能以更加直观、形象的方式表现出来。图形界面并没有减少代码和简化编程；相反，为构建一个界面以及实现动作监听，需要增加大量的代码。但是这些可以给用户带来更好的体验与享受。当我们进入工作岗位之后，在完成本职工作的同时，要时刻放在心中的是如何能把工作做得更好，如何为社会做更多的贡献，为产业发展、国家富强助力。

9.1 图形用户界面与布局管理器

在前面单元的学习中，我们与软件的交互更多的是通过系统提供的输入输出函数来实现的，交互方式不直观。图形用户界面可以在应用程序与用户之间建立一个接口，架起一座桥梁，使用户与程序的交互更加顺畅。

9.1.1　GUI 介绍

图形用户界面（Graphical User Interface，GUI）是指以图形方式显示的用户操作界面。用户可以通过这种界面使用鼠标、键盘等输入设备对屏幕上的按钮、菜单、文本框等进行操作。

图形用户界面主要由按钮、菜单、文本框、对话框等组成。这些元素及其具有的功能都包含在 AWT（Abstract Window Toolkit）和 swing 这两个包内。其中，AWT 包开发得比较早，里面集成了十分丰富的图形组件以及布局管理器和事件处理机制。AWT 包提供的控件组件，大小、颜色等外观属性是固定的，用户无法调整，这就使得开发出来的界面非常呆板。Swing 包是 AWT 包的扩展和优化，用户可以对包内的组件进行外观上的调整。现在的图形用户界面基本上是基于 Swing 包开发的。如图 9-1 所示为最简单的 GUI 示例。

图 9-1　GUI 示例

该 GUI 中设置了窗口标题，包含一个框架窗口组件：标签、文本框、按钮等。

【实例 1】　编写代码实现 GUI 示例。

```
import javax.swing.*;
public class javaGui extends JFrame{
    JLabel labName;                    //声明一个标签组件
    JTextField texName;                //声明一个文本组件
    JButton jbOk;                      //声明一个按钮组件
    public javaGui()
    {
        this.setSize(350,200);         //设置窗口大小
        this.setTitle("GUI 测试 ");     //设置窗口标题
        labName= new JLabel(" 姓名 ");  //创建标签对象
        labName.setBounds(50, 50, 50,30); //定义标签的位置和大小
        texName= new JTextField();
        texName.setBounds(90,50,120,30);
        jbOk = new JButton(" 确定 ");
        jbOk.setBounds(220,50,60,30);
```

```
            getContentPane().setLayout(null);      // 不使用默认布局
            this.add(labName);                      // 向当前窗体加载组件
            this.add(texName);
            this.add(jbOk);
            this.setVisible(true);                  // 设置窗口可见
        }
            public static void main(String args[]){
            new javaGui();
        }
    }
```

本实例需要引入 javax.swing 包内的组件类，Swing 包内具有标签、文本框、按钮等常用组件。使用时需要基于类创建实例对象，为对象设置相应的属性值。

9.1.2 框架与面板

JFrame 属于框架窗口类，一个应用程序至少需要包含一个框架窗口。框架窗口属于容器类组件，里面可以包含其他组件。非容器类组件需要添加在容器类组件内部。常用的容器类组件有 JFrame、JPanel、JTabbedPane 等。JFrame 是一个独立的窗口，不能包含在其他窗口或组件中。框架是 Java GUI 应用程序中用来存放用户界面组件的容器。框架的常用方法见表 9-1。

表 9-1　框架的常用方法

方法	描述
add(Component comp)	将指定的组件附加到容器
remove(Component comp)	从此容器中删除指定的组件
setSize(int width, int height)	设置框架的大小
setLocation(int x, int y)	设置框架左上角的位置
setVisible(boolean visible)	框架的显示与隐藏
setResizable(boolean)	用户能否调节大小

使用时通常采用继承 JFrame 类来创建顶层的框架窗口，也可以采用不继承的方法来实现同样的功能。以下程序实现的界面效果和实例 1 相同。

【实例 2】　非继承式编写顶层窗口。

```
import javax.swing.*;
public class javaGui{
    JFrame jf0;
    JLabel labName;                      // 声明一个标签组件
    JTextField texName;                  // 声明一个文本组件
```

```
      JButton jbOk;                        // 声明一个按钮组件
      public javaGui()
      {
        jf0= new JFrame();
        jf0.setSize(350,200);              // 设置窗口大小
        jf0.setTitle("GUI 测试 ");          // 设置窗口标题

        labName= new JLabel(" 姓名 ");       // 创建标签对象
        labName.setBounds(50, 50, 50,30);  // 定义标签的位置和大小
        texName= new JTextField();
        texName.setBounds(90,50,120,30);
        jbOk = new JButton(" 确定 ");
        jbOk.setBounds(220,50,60,30);
        jf0.getContentPane().setLayout(null);  // 不使用默认布局
        jf0.add(labName);                  // 向当前窗体加载组件
        jf0.add(texName);
        jf0.add(jbOk);
        jf0.setVisible(true);              // 设置窗口可见
      }
      public static void main(String args[]){
        new javaGui();
      }
    }
```

与 JFrame 类似，JPanel 面板同样是一个容器类组件，里面需要包含其他基本的非容器组件。不同的是 JPanel 不能作为顶层容器，不能独立存在，必须调用 JFrame 的 add 方法将其加入顶层容器。JPanel 对象可以加入到另一个 JPanel 对象中。JPanel 的常用方法见表 9－2。

表 9－2　JPanel 的常用方法

方法	描述
JPanel()	创建具有默认 FlowLayout 布局的 JPanel 对象
JPanel(LayoutManager layout)	使用指定的布局管理器创建一个 JPanel 对象
setBorder(Border border)	设置边框
add(Component comp)	将指定的组件附加到容器
remove(Component comp)	从此容器中删除指定的组件
setVisible(boolean visible)	面板的显示与隐藏

其中，border 参数需要在 javax.swing.BorderFactory 类中的方法获得。

如图 9 - 2 所示为某面板的应用示例。由图可知，在一个底层面板对象中包含了 3 个小面板，这 4 个面板都加入到了顶层框架窗口中。使用面板可以更好地对功能进行分区，丰富窗口的显示效果。应用好大小调节以及不同面板的显示与隐藏功能，使用一个窗口就可以实现多功能、多层次的复杂的用户交互。

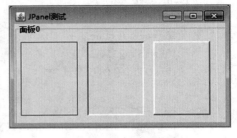

图 9 - 2 面板应用示例

【实例 3】 编写程序实现 Jpanel 面板。

```java
import java.awt.Color;
import javax.swing.*;
import javax.swing.border.BevelBorder;
public class javaGui extends JFrame{
    JPanel jp0,jp01,jp02,jp03;
    public javaGui()
    {
    this.setSize(350,200);                                         //设置窗口大小
    this.setTitle("JPanel 测试 ");                                  //设置窗口标题
    jp0 = new JPanel();
    jp01=new JPanel();jp02=new JPanel();jp03=new JPanel();
    jp0.setBorder(BorderFactory.createTitledBorder(" 面板 0"));      //带标题
        jp01.setBorder(BorderFactory.createLineBorder(Color.red));   //红色边框
        jp02.setBorder(BorderFactory.createBevelBorder(BevelBorder.LOWERED));
    /* 斜角边框 */
    jp03.setBorder(BorderFactory.createBevelBorder(BevelBorder.RAISED));/* 斜角边框 */
    jp0.setBounds(0,0,350,180);
    jp01.setBounds(10,30,90,120);
    jp02.setBounds(115,30,90,120);
    jp03.setBounds(220,30,90,120);
    jp0.add(jp01);jp0.add(jp02);jp0.add(jp03);
    jp0.setLayout(null);
    getContentPane().setLayout(null);                              //不使用默认布局
    this.add(jp0);                                                 //向当前窗体加载组件
    this.setVisible(true);                                         //设置窗口可见
    }
    public static void main(String args[]){
        new javaGui();
    }
}
```

使用 JTabbedPane 可以实现选项卡切换的效果，是较复杂的窗口或对话框经常使用

的组件。可通过单击不同的选项卡来控制相应面板的显示与隐藏，从而利用有限的空间来分组、分类显示更多的内容。

9.1.3　布局管理器

用户交流组件可以分为容器类以及非容器的基本类。这些组件可以通过"obj.setBounds (x,y,w,h)"形式指定任意一个组件在它的直接容器内的位置和大小（指定位置时，左上角点为原点）。而对于有规律的、大量的组件分布，可以为组件所在的容器设置布局管理器，由布局管理器负责内部组件的布局。

布局管理器的接口为 LayoutManager，它具有 3 个实现类：FlowLayout、GridLayout、BorderLayout。FlowLayout 为流式布局管理器，GridLayout 为网格布局管理器，BorderLayout 为边界式布局管理器。

1. FlowLayout

FlowLayout 按照组件添加的顺序，从左到右将组件排列在容器中。放满一行后，开始新的一行。它采用 3 种对齐方式：右对齐（FlowLayout.RIGHT）、左对齐（FlowLayout. LEFT）、居中（FlowLayout.CENTER）。

【实例 4】　FlowLayout 布局示例。

```
import java.awt.*;
import javax.swing.*;
public class java GuiextendsJFrame{
  public javaGui()
  {
    this.setSize(255,150);
    this.setTitle("FlowLayout 测试 ");
    this.setLayout(new FlowLayout(FlowLayout.LEFT,10,20));
    this.add(new JLabel(" 姓名 "));
    this.add(new JTextField(8));
    this.add(new JLabel(" 年龄 "));
    this.add(new JTextField(3));
    this.add(new JLabel(" 昵称 "));
    this.add(new JTextField(8));
    this.setVisible(true);          // 设置窗口可见
  }
  public static void main(String args[]){
    new javaGui();
  }
}
```

this.setLayout(new FlowLayout(FlowLayout.LEFT,10,20)); 语句用于指定当前框架的布

局模式为流式左对齐，组件间水平间距为 10，垂直间距为 20。程序运行结果如图 9 - 3 所示。

FlowLayout 为流式布局管理器，容器内的组件的位置会随窗口大小的变化而调整，在实际应用中，可以将小的面板容器设置为非流式布局，大的容器组件设置为流式布局。这样当窗口大小发生改变时，窗口内的各个组件既可以动态调整，又不至于太过混乱。

图 9 - 3　FlowLayout 布局示例

2. GridLayout

GridLayout 为网格布局管理器，分别指定行数和列数后，组件按照添加的顺序从左到右依次放入网格。行数和列数可以有一个为零，由管理器动态决定其数值。

【实例 5】　GridLayout 布局示例。

```
import java.awt.*;
import javax.swing.*;
public class javaGui extends JFrame{
  public javaGui()
  {
    this.setSize(255,150);
    this.setTitle("GridLayout 测试 ");
    this.setLayout(new GridLayout(5,2,1,1));
    this.add(new JLabel(" 姓名 "));
    this.add(new JTextField(8));
    this.add(new JLabel(" 年龄 "));
    this.add(new JTextField(3));
    this.add(new JLabel(" 昵称 "));
    this.add(new JTextField(8));
    this.setVisible(true);        // 设置窗口可见
  }
    public static void main(String args[]){
    new javaGui();
    }
}
```

　this.setLayout(new GridLayout(5,2,1,1)); 语句用于指定网格的行数为 5、列数为 2、行间距为 1、列间距为 1。程序运行结果如图 9 - 4 所示。

3. BorderLayout

BorderLayout 将容器分为 5 个区域: 东区（BorderLayout. EAST）、南区（BorderLayout.SOUTH）、西区（BorderLayout.

图 9 - 4　GridLayout 布局示例

WEST）、北区（BorderLayout.NORTH）、中央（BorderLayout.CENTER）。

【实例 6】 BorderLayout 布局示例。

```java
import java.awt.*;
import javax.swing.*;
public class javaGui extends JFrame{
  public javaGui()
  {
    this.setSize(255,150);
    this.setTitle("BorderLayout 测试 ");
    this.setLayout(new BorderLayout(5,10));
    add(new JButton(" 北方 "),BorderLayout.NORTH);
    add(new JButton(" 南方 "),BorderLayout.SOUTH);
    add(new JButton(" 西方 "),BorderLayout.WEST);
    add(new JButton(" 东方 "),BorderLayout.EAST);
    add(new JButton(" 中央 "),BorderLayout.CENTER);
    this.setVisible(true);        //设置窗口可见
  }
    public static void main(String args[]){
    new javaGui();
  }
}
```

程序运行结果如图 9 - 5 所示。

在进行界面设计时，如果能够计算出各个组件在其
直接容器中的位置和大小，使用 setBounds(x,y,w,h) 形
式无疑是最精确和直接的。这在复杂的界面制作中是
很繁杂的任务，而布局管理器的使用可以有效解决这个
问题。前面介绍的 3 种布局管理器中，FlowLayout 是
JPanel 面板的默认布局管理器，这种布局管理器会自动

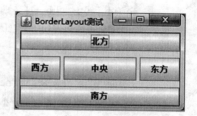

图 9 - 5 BorderLayout 布局示例

调整组件的最佳大小；BorderLayout 并不要求所有区域都必须有组件，但是每个区域都
只能有一个组件，如果添加的不只一个组件，那么只显示最后添加的组件（允许向某个区
域中添加一个面板组件，然后面板组件内可以添加多个组件）；GridLayout 为组件的放置
位置提供了更大的灵活性，需要注意的是，它并不要求行数和列数这两个参数同时具备，
这就为组件的动态加入打下基础，如果行、列参数都具备，那么将以行参数为主。

【实例 7】 经典界面布局。

编写代码实现如图 9 - 6 所示的经典界面布局。主框架包含 4 个面板，采用 2 行 2 列
的网格布局模式。面板一为流式布局，面板二为边界布局（添加两个"北方"按钮），面
板三为网格布局（2 行 2 列），面板四为网格布局（0 行 3 列）。

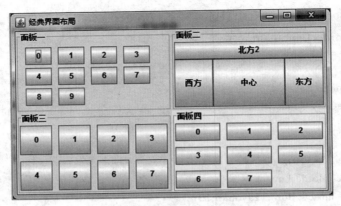

图 9－6　经典界面布局

```java
import java.awt.*;
import javax.swing.*;
public class javaGui extends JFrame{
  public javaGui()
  {
    this.setSize(500, 300);
    this.setTitle(" 经典界面布局 ");
    this.setLayout(new GridLayout(2,2));              // 设置容器为 2 行 2 列的网格布局
    JPanel p1 = new JPanel();                         // 创建面板 p1
    p1.setLayout(new FlowLayout(FlowLayout.LEFT,10,5));  // 面板 p1 是流式布局
    for(int i=0;i<=9;i++){
      p1.add(new JButton(((Integer)i).toString()));   // 添加按钮
    }

    JPanel p2 = new JPanel(new BorderLayout());        // 面板 p2 是边界式布局
    p2.add(new JButton(" 中心 "),BorderLayout.CENTER);
    p2.add(new JButton(" 东方 "),BorderLayout.EAST);
    p2.add(new JButton(" 西方 "),BorderLayout.WEST);
    p2.add(new JButton(" 北方 "),BorderLayout.NORTH);
    p2.add(new JButton(" 北方 2"),BorderLayout.NORTH);
    JPanel p3 = new JPanel(new GridLayout(2, 2, 10, 10));  // 面板 p3 是网格布局
    for(int i=0;i<=7;i++){
      p3.add(new JButton(((Integer)i).toString()));    // 添加按钮
    }
    JPanel p4 = new JPanel(new GridLayout(0, 3, 10, 10));  // 面板 p4 是网格布局
    for(int i=0;i<=7;i++){
      p4.add(new JButton(((Integer)i).toString()));    // 添加按钮
    }
    p4.setBackground(Color.YELLOW);
```

```
        p1.setBorder(BorderFactory.createTitledBorder(" 面板一 "));        // 添加标题边框
        p2.setBorder(BorderFactory.createTitledBorder(" 面板二 "));        // 添加标题边框
        p3.setBorder(BorderFactory.createTitledBorder(" 面板三 "));        // 添加标题边框
        p4.setBorder(BorderFactory.createTitledBorder(" 面板四 "));        // 添加标题边框
        this.add(p1);
        this.add(p2);
        this.add(p3);
        this.add(p4);
        this.setVisible(true);                                                  // 设置窗口可见
    }

    public static void main(String args[]){
        new javaGui();
    }
}
```

9.2 常用组件

在上一节的实例中，我们看到了构造界面常用的标签、文本框、按钮等组件。实际上，构造功能完备、美观大方的界面还需要用到更多的组件。

几乎所有的组件都继承自 java.awt.Component 父类，他们有很多共同的方法。组件常用方法见表 9 - 3。

表 9 - 3   组件常用方法

方法	描述
setBounds(int x, int y, int width, int height)	设置组件在其容器中的位置和大小
setBackground(Color c)	设置背景颜色
getBackground ()	获得此组件的背景颜色
setForeground(Color c)	设置组件的前景颜色
getForeground()	获得组件的前景颜色
setEnabled()	设置组件是否可用
getEnabled()	获得组件的可用性
setFont(Font f)	设置组件的字体
getFont()	获得组件的字体
getParent()	获得本组件的父级
setSize(int width, int height)	设置组件大小
setVisible(boolean boo)	设置组件可用性

9.2.1 标签（JLabel）

标签组件常用于显示窗口中的说明性或注释性文字，有时也用于显示结果信息。标签组件的常用构造方法为 JLabel(String text) 或 JLabel()。其中，前面的方法可以创建一个显示指定文本的标签对象，后面的方法用于创建一个空白的标签。标签组件的常用方法为 getText() 和 setText(String text)，用于得到或获得标签上的显示文本。

9.2.2 文本框（JTextField）

文本框通常用于信息的输入，有时也用于展示信息，如图 9 - 1 所示。文本框的构造方法如下：
- JTextField()：构造新的 TextField。
- JTextField(int columns)：构造一个新的、空的 TextField，具有指定的列数。
- JTextField(String text)：构造一个新的 TextField，用指定的文本初始化。
- JTextField(String text, int columns)：构造一个新的 TextField，用指定的文本和列初始化。

文本框的常用方法如下：
- getText()：用于得到文本框内的文本信息。
- setText(String text)：用于设置文本框内的信息。

9.2.3 单选按钮（JRadioButton）

单选按钮组件用于从多个候选项中选择一个，通常成组使用，可以通过 ButtonGroup 类进行管理。

JRadioButton 的构造方法如下：
- JRadioButton()：创建一个没有设置文本的、最初未选择的单选按钮。
- JRadioButton(String text)：使用指定的文本创建一个未选择的单选按钮。
- JRadioButton(String text, boolean selected)：创建具有指定文本和选择状态的单选按钮。

单选按钮的常用方法如下：
- getText：用于得到文本框内的文本信息。
- setText：用于设置文本框内的信息。
- setSelected(boolean boo)：用于设置本单选按钮的选择状态。
- isSelected()：用于获得本单选按钮的选择状态。

【实例 8】 单选按钮示例。

```
import java.awt.*;
import javax.swing.*;
public class javaGui extends JFrame{
```

```
    JPanel p1;
    JRadioButton button1,button2,button3;
    public javaGui()
    {
        this.setSize(300, 100);
        this.setTitle(" 单选按钮测试 ");
        ButtonGroup fruit = new ButtonGroup();        // 创建一个按钮编组对象
        button1 = new JRadioButton(" 苹果 ");           // 单选按钮
        button2 = new JRadioButton(" 香蕉 ",true);      // 默认选择的单选按钮
        button3 = new JRadioButton(" 西瓜 ");           // 单选按钮
        // 单选按钮编组，编组方可实现单选
        fruit.add(button1); fruit.add(button2); fruit.add(button3);
        p1= new JPanel();
        p1.add(button1); p1.add(button2);p1.add(button3);
        this.add(p1);
        this.setVisible(true);                        // 设置窗口可见
    }
        public static void main(String args[]){
            javaGuijg=new javaGui();
        }
    }
```

程序运行结果如图 9 - 7 所示。

9.2.4 复选框（JCheckBox）

复选框常用于从众多候选项中选择多个。复选
框常用的构造方法如下：

图 9 - 7 单选按钮示例

- JCheckBox()：创建一个最初未选择的复选框按钮，没有文字。
- JCheckBox(String text)：创建一个最初未选择的复选框与文本。
- JCheckBox(String text, boolean selected)：创建一个带有文本的复选框，并指定是否最初选择它。

复选框的常用方法与单选按钮相同，不再赘述。

9.2.5 列表框（JList）

列表框支持从一个列表选项中选择一个或多个选项，默认状态下支持单选。
JList 的构造方法如下：
- JList()：创建一个列表框。
- JList(Object[] listData)：创建一个以指定数组中的元素作为条目的列表框。

列表框的常用方法如下：
- getSelectedValue()：用于返回用户所选元素所对应的文本（多选时返回索引最小值

所对应的）。

- getSelectedIndex()：用于返回用户所选元素索引的最小值。
- getSelectedIndices()：用于以递增的顺序返回所有选定索引的数组。
- addElement(E element)：用于添加元素。
- add(int index, E element)：用于在指定位置插入指定元素。
- remove(int i)：用于删除指定索引的元素。
- multipleMode：用于指定列表框是否可以进行多项选择。

9.2.6 组合框（JComboBox）

当用户单击该组件时，会下拉弹出一列选项，用户可以选择其中一个。

组合框类的构造方法如下：

- JComboBox()：使用默认数据模型创建 JComboBox。
- JComboBox(object[] items)：创建一个 JComboBox，其中包含指定数组中的元素。

组合框的常用方法如下：

- addItem(Object anObject)：用于将项目添加到项目列表。
- insertItemAt(Object anObject,int index)：用于将项目添加到列表指定位置。
- removeItem(Object anObject)：用于从项目列表中删除一个项目。
- getSelectedItem()：用于返回当前所选项目。
- setEditable(boolean aFlag)：用于确定 JComboBox 字段是否可编辑。
- setSelectedIndex(int anIndex)：用于确定组合框要选择的索引号。

【实例 9】 组合框测试。

```java
import java.awt.*;
import java.awt.event.*;
import javax.swing.*;
public class javaGui extends JFrame{
    JComboBox jcb;
    JTextField jtf;
    JButton jb;
    JLabel jlb;
    public javaGui()
    {
        this.setSize(400, 150);
        this.setTitle(" 组合框测试 ");
        String[] ss={" 星期一 "," 星期二 "," 星期三 "," 星期四 "," 星期五 "," 星期六 "," 星期日 "};
        jcb= new JComboBox(ss); jcb.setBounds(30,30,70,20);
        jtf= new JTextField(); jtf.setBounds(110,28,70,25);
        jb= new JButton(" 加入 "); jb.setBounds(200,28,70,25);
```

```
    jlb= new JLabel(); jlb.setBounds(30,60,200,30);
    this.setLayout(null);
    this.add(jcb); this.add(jtf);this.add(jb);this.add(jlb);

    jb.addActionListener(new ActionListener(){
      public void actionPerformed(ActionEvent e) {
        String ss= jtf.getText().trim();
        if(ss.length()==0) return;
        jcb.insertItemAt(ss,0);
        jcb.setSelectedIndex(0);
        jtf.setText("");

      }});
    jcb.addActionListener(new ActionListener(){
      public void actionPerformed(ActionEvent e) {
        jlb.setText(" 您选择了 "+jcb.getSelectedItem().toString());
      }});
    this.setVisible(true);
  }

  public static void main(String args[]){
    new javaGui();
  }
}
```

程序运行结果如图 9 - 8 所示。

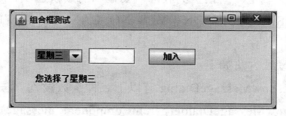

图 9 - 8　组合框示例

在文本框内输入内容，单击"加入"按钮，可以将其加入组合框。在组合框中选择某个项目后，下方标签中即可显示选择的内容。

9.2.7　按钮（JButton）

在界面布局中，命令按钮 JButton 是使用频率很高的一个组件，用户可以单击它来调用事件以响应某种请求。

命令按钮的常用构造方法如下：

- JButton()：创建一个没有设置文本或图标的按钮。
- JButton(String text)：创建一个带文本的按钮。
- JButton(String text, Icon icon)：创建一个带有初始文本和图标的按钮。

9.2.8　对话框（JOptionPane）

对话框是用户和系统进行交互的有力工具，对话框可以展示信息、提供选项、做出提示，也可供用户输入信息，甚至可以继承对话框类 JDialog，产生自己的对话框。

swing 中提供了以下 4 种简单的对话框：

- showMessageDialog：系统提供的对话框，显示一条消息等待用户单击"OK"按钮。
- showConfirmDialog：显示一条消息并等待确认。
- showOptionDialog：显示一条消息并等待用户在一组自定义选项中的选择。
- showInputDialog：显示一条消息并等待用户的输入。

它们所使用的参数说明如下：

- ParentComponent：指示对话框的父窗口对象，一般为当前窗口。其参数也可以为 null，表示采用缺省的 Frame 作为父窗口，此时对话框将设置在屏幕的正中。
- message：在对话框内显示的描述性文字。
- String title：标题条文字串。
- Component：在对话框内显示的组件（如按钮）。
- Icon：在对话框内显示的图标（自定义图标）。
- messageType：消息类型。通常，其值可以是 ERROR_MESSAGE、INFORMATION_MESSAGE、WARNING_MESSAGE、QUESTION_MESSAGE、PLAIN_MESSAGE。
- optionType：用于确定在对话框的底部所要显示的按钮选项。一般可以为 DEFAULT_OPTION、YES_NO_OPTION、YES_NO_CANCEL_OPTION、OK_CANCEL_OPTION。

各对话框的参数设置方法如下：

（1）JOptionPane.showMessageDialog 有以下 3 种参数设置方法：

- JOptionPane.showMessageDialog(parentComponent, message);
- JOptionPane.showMessageDialog(parentComponent, message, title, messageType);
- JOptionPane.showMessageDialog(parentComponent, message, title, messageType, icon);

（2）JOptionPane.showConfirmDialog 有以下 4 种参数设置方法：

- JOptionPane.showConfirmDialog(parentComponent, message);
- JOptionPane.showConfirmDialog(parentComponent, message, title, optionType);
- JOptionPane.showConfirmDialog(parentComponent, message, title, optionType, messageType);

- JOptionPane.showConfirmDialog(parentComponent, message, title, optionType, messageType, icon);

（3）JOptionPane.showOptionDialog 只有 1 种参数设置方法：

- JOptionPane.showOptionDialog(parentComponent, message, title, optionType, messageType, icon, options, initialValue);

（4）JOptionPane.showInputDialog 有以下 6 种参数设置方法：

- JOptionPane.showInputDialog(message);
- JOptionPane.showInputDialog(parentComponent, message);
- JOptionPane.showInputDialog(message, initialSelectionValue);
- JOptionPane.showInputDialog(parentComponent, message, initialSelectionValue);
- JOptionPane.showInputDialog(parentComponent, message, title, messageType);
- JOptionPane.showInputDialog(parentComponent, message, title, messageType, icon, selectionValues, initialSelectionValue);

【实例 10】 简单计算器的界面实现。

编写程序实现如图 9 – 9 所示的计算器界面。

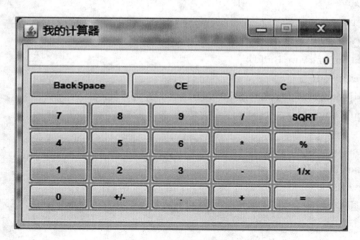

图 9 – 9　计算器界面

本实例界面布局比较简单，下方的 20 个按钮可以放入一个采用表格布局的面板组件中，上方的 3 个清除类按钮可以放入一个采用默认布局的面板组件中。之后再将它们统一放入一个更大的面板内。这样整个窗口布局就是一个文本框和一个按钮面板组件。

文本框为计算器显示的核心，既要能够输入计算数据，还要能够显示计算结果，更要保证数据的准确性（防止出现 00.n 之类的数字）。为此，用户可以继承 JTextField 类以开发自己的文本框组件。

按钮相对比较简单，每个按钮上面的文字格式几乎是一样的，为尽量避免代码的重复，用户可以继承 JButton 类以开发自己的按钮类。在这个类的构造方法内，直接约定按钮的字体规格即可。利用字符串数组，能够在循环中快捷地定义按钮对象，并将其放置于合适的位置。

```java
import java.awt.*;
import javax.swing.*;
public class jiSuanQi extends JFrame {
   public static myText texView;                              // 显示框
   private JPanel jp0,jpT,jpC;
   private myBut jbutBs,jbuCe,jbuC;                          // 删除清除按钮
   public jiSuanQi(){
   this.setSize(350,225);
   this.setTitle(" 我的计算器 ");
   // 显示框
   texView = new myText(30);
   texView.setHorizontalAlignment(JTextField.RIGHT );        // 右对齐
   texView.setEditable(false);                               // 不能编辑
   texView.setBackground(Color.white);                       // 背景颜色
   texView.setBounds(5,5,330,20);
   // 3 个清除按钮
   jpT = new JPanel();                                       // 清除面板
   String[] strQing= {"BackSpace","CE","C"};
   myBut[] mbQing=new myBut[3];
   for(int i=0;i<3;i++){
      mbQing[i]=new myBut(strQing[i].trim());
      jpT.add(mbQing[i]);
      }
   jpT.setLayout(new GridLayout(1,3,2,2));
   jpT.setBounds(2,5,330,30);                                // 删除面板
      jpC = new JPanel();                                    // 核心面板
      String[] sName={"7","8","9","/","SQRT","4","5","6","*","%","1","2","3","-","1/x","0","+/-",".","+","="};
      myBut[] mb= new myBut[20];
      for(int i=0;i<20;i++)
      {
         mb[i]= new myBut(sName[i].trim());
         jpC.add(mb[i]);
      }
   jpC.setLayout(new GridLayout(4,5,2,2));
   jpC.setBackground(Color.LIGHT_GRAY);
   jpC.setBounds(2,40,330,120);
   jp0 = new JPanel();                                       // 最底层面板
   jp0.setLayout(null);                                      // 按用户指定而不是默认来布局
```

```
        jp0.add(jpT);                              // 加入清除区按钮面板
        jp0.add(jpC);                              // 加入核心区面板
        this.setLayout(null);                      // 设置窗体布局
        jp0.setBounds(5,25,335,180);
        getContentPane().add(texView);
        getContentPane().add(jp0);
        this.setFocusable(true);                   // 设置焦点
        this.setLocationRelativeTo(null);          // 窗口居中显示
        this.setVisible(true);                     // 设置为可见
        this.setResizable(false);                  // 禁止调整大小
        // 皮肤管理
        try {      UIManager.setLookAndFeel("com.sun.java.swing.plaf.windows.WindowsLookAndFeel");
            }
            catch (Exception exc)
            {
                System.err.println("Error loading L&F: " + exc);
            }
            SwingUtilities.updateComponentTreeUI(this);
        }
        public static void main(String[] args) {
        new jiSuanQi();
        }
    }
// 构建文本框类
class myText extends JTextField{
    public myText(inti) {
        super(i);
    }
}
// 构建按钮类
class myBut extends JButton{
    public myBut(String string) {
        super(string);
        this.setFont(new Font("",Font.BOLD,10));
    }
}
```

9.3 事件及动作监听

通过前面的学习，我们已经能够制作具有一定功能的界面，但是要想让这些界面组件真正发挥作用，离不开事件以及动作的监听。

在 Java 语言中，用户对应用程序界面的动作称为事件。Java 事件分为组件事件类和动作事件类：组件事件类在组件的状态发生变化时产生，动作事件类对应用户的某一种功能性操作。

- ActionEvent：激活组件时发生的事件。
- KeyEvent：当键盘有动作时发生的事件。
- TextEvent：更改文本时发生的事件。
- AdjustmentEvent：调节可调整的组件（如移动滚动条）时发生的事件。
- ItemEvent：从选择项、复选框或列表中选择时发生的事件。
- ContainerEvent：向容器添加或删除组件时发生的事件。
- WindowEvent：操作窗口时发生的事件，如最大化或最小化某一窗口。
- FocusEvent：当组件得到焦点时发生的事件。
- MouseEvent：操作鼠标时发生的事件。

9.3.1 事件处理介绍

事件发生后一定会有相应的操作吗？比如在前面介绍的计算器页面中，用鼠标左键单击按钮，会产生鼠标事件，但按钮对应的数字并没有进入文本框中。这是因为我们没有为按钮定义事件处理机制。定义 Java 事件处理机制需要以下两步：

第一步：为组件注册事件监听，通常格式为 obj.add 事件监听器接口。例如，obj.addMouseListener(new MouseListene())，可以实现鼠标的监听。

第二步：创建一个实现监听接口的类，在这个类中至少要实现该接口的一个抽象方法。

常用的事件监听器有 ActionListener、KeyListener、TextListener、AdjustmentListner、ItemListener、ContainerListener、WindowListener、FocusListener、MouseListener。

实现监听接口的类，即可以在组件所在类的外部独立定义，也可以作为内部类放在组件所在的类中。甚至以匿名内部类的形式在添加事件监听时直接定义。通常，事件监听接口内包含多个抽象方法，为便于操作，Java 提供了实现监听器接口的事件适配器，用户只需要继承适配器类并重写自己需要的方法，即可实现事件操作。例如：键盘事件的适配器为 KeyAdapter、鼠标事件的适配器为 MouseAdapter。

9.3.2 键盘事件（KeyEvent 类）

下面以键盘事件的处理为例，进一步说明 Java 的事件处理机制。

定义一个实现键盘监听器接口（KeyListener）的类，该接口中定义了 3 个抽象方法，分别为按键按下时调用的方法 keyPressed、按键释放时调用的方法 keyReleased 和按某个键时调用的方法 keyTyped。需要实现其中的至少一个方法。

注册键盘事件：obj.addKeyListener（实现键盘监听接口的类对象）。

【实例 11】 实现键盘监听。

```java
import java.awt.*;
import java.awt.event.KeyEvent;
import java.awt.event.KeyListener;
import javax.swing.*;
public class javaGui extends JFrame{
    public javaGui()
    {
        this.setSize(200, 200);
        this.setTitle(" 键盘事件测试 ");
        this.setFocusable(true);                // 设置焦点
        this.setLocationRelativeTo(null);       // 窗口居中显示
        this.setVisible(true);                  // 设置窗口可见
        // 注册键盘事件，参数为实现键盘监听接口的类
        this.addKeyListener(new myKeyEvent());
    }
    public static void main(String args[]){
        javaGui jg=new javaGui();
    }
}
class myKeyEvent implements KeyListener{
    public void keyPressed(KeyEvent e) {
        System.out.println(e.getKeyChar());
    }
    public void keyReleased(KeyEvent e) {
    }
    public void keyTyped(KeyEvent e) {
    }
}
```

执行这个程序，会生成一个小窗口，当敲击键盘时，会在控制区打印出所键入的字符。

为了管理的方便，可以将实现键盘监听接口的类写在键盘监听所在类的内部。格式如下：

```java
import java.awt.*;
import java.awt.event.KeyEvent;
import java.awt.event.KeyListener;
import javax.swing.*;
public class javaGui extends JFrame{
    public javaGui()
```

```
{
    this.setSize(200, 200);
    this.setTitle(" 键盘事件测试 ");
    this.setFocusable(true);                      // 设置焦点
    this.setLocationRelativeTo(null);             // 窗口居中显示
    this.setVisible(true);                        // 设置窗口可见
    // 注册键盘事件，调用实现键盘监听接口的类
    this.addKeyListener(new myKeyEvent());
}

public static void main(String args[]){
    javaGuijg=new javaGui();
}
// 实现键盘监听接口的内部类
class myKeyEvent implements KeyListener{
    public void keyPressed(KeyEvent e) {
        System.out.println(e.getKeyChar());
    }
    public void keyReleased(KeyEvent e) {}    // 本实例不需要的方法
    public void keyTyped(KeyEvent e) {}       // 本实例不需要的方法
}
}
```

以上是实现监听和调用的标准格式。可是实现监听接口有很多抽象方法，不一定都是需要的，为减少不必要的麻烦，Java 提供了实现监听接口的适配器，只需要继承这个适配器，就可以间接地实现监听接口，键盘监听接口的适配器是 KeyAdapter。所以，程序也可以编写为如下形式：

```
import java.awt.*;
import java.awt.event.KeyAdapter;
import java.awt.event.KeyEvent;
import java.awt.event.KeyListener;
import javax.swing.*;
public class javaGui extends JFrame{
    public javaGui()
    {
        this.setSize(200, 200);
        this.setTitle(" 键盘事件测试 ");
        this.setFocusable(true);              // 设置焦点
        this.setLocationRelativeTo(null);     // 窗口居中显示
        this.setVisible(true);                // 设置窗口可见
        // 注册键盘事件，调用实现键盘监听接口的类
```

```
        this.addKeyListener(new myKeyEvent());
      }
    public static void main(String args[]){
        javaGuijg=new javaGui();
    }
    // 实现键盘监听接口的内部类
    class myKeyEvent extends KeyAdapter{
        public void keyPressed(KeyEvent e) {
            System.out.println(e.getKeyChar());
        }
    }
}
```

还可以在注册事件的同时，以匿名内部类的形式直接将动作的实现写在注册环节中。

```
import java.awt.*;
import java.awt.event.KeyAdapter;
import java.awt.event.KeyEvent;
import java.awt.event.KeyListener;
import javax.swing.*;
public class javaGui extends JFrame{
    public javaGui()
    {
        this.setSize(200, 200);
        this.setTitle(" 键盘事件测试 ");
        this.setFocusable(true);              // 设置焦点
        this.setLocationRelativeTo(null);     // 窗口居中显示
        this.setVisible(true);                // 设置窗口可见
        // 注册键盘事件，调用实现键盘监听接口的类
        this.addKeyListener(new KeyAdapter()   // 键盘监听按钮
        {
            public void keyPressed(KeyEvent e)
            {
                System.out.println(e.getKeyChar());
            }
        });
    }
    public static void main(String args[]){
        javaGuijg=new javaGui();
    }
}
```

9.3.3 焦点事件（FocusEvent 类）

焦点事件（FocusEvent）在组件获得焦点或失去焦点时触发。焦点事件的监听接口

是 FocusListener，内部有 focusGained 和 focusLost 两个方法，分别为焦点获得事件和焦点失去事件。当通过 obj.addFocusListener 语句为某对象添加焦点事件监听时，需要将 FocusListener 接口的类对象作为参数。焦点事件的适配器（FocusAdapter）已经对接口进行了空实现，再次使用时只需要其中一个方法，便可以继承适配器创建类。

【实例 12】 触发焦点事件。

```
import java.awt.*;
import java.awt.event.*;
import javax.swing.*;
public class javaGui extends JFrame{
    JTextField jb1,jb2;
    JLabel jla;
    public javaGui()
    {
        this.setSize(200, 200);
        this.setTitle(" 焦点事件测试 ");
        jb1= new JTextField(" 文本框一 ");jb2= new JTextField(" 文本框二 ");
        jb1.setBounds(10,10,100,30);jb2.setBounds(10,50,100,30);
        jla= new JLabel();   jla.setBounds(10, 90, 180, 30);
        this.setLayout(null);
        this.add(jb1);this.add(jb2);this.add(jla);
        jb1.addFocusListener(new FocusAdapter(){
            public void focusGained(FocusEvent e) {
                jla.setText(" 文本框一得到焦点 ");
            }
            public void focusLost(FocusEvent e) {
                jla.setText(" 文本框一失去焦点 ");
            }
        });
        this.setLocationRelativeTo(null);     // 窗口居中
        this.setVisible(true);                // 设置窗口可见
    }
    public static void main(String args[]){
        javaGui jg=new javaGui();
    }
}
```

界面中添加了两个文本框组件和一个标签组件。单击文本框一，标签上显示文字"文本框一获得焦点"；单击文本框二，标签上显示文字"文本框一失去焦点"。

9.3.4 鼠标事件（MouseEvent 类）

当鼠标左键、中键或右键在组件上单击或双击时，激活鼠标事件。鼠标事件的监听接口是 MouseListener。接口方法及常用参数如下：

- mouseClicked(MouseEvent e)：当使用鼠标左键、中键或右键单击组件时触发。
- mouseEntered(MouseEvent e)：当鼠标进入组件时触发。
- mouseExited(MouseEvent e)：当鼠标离开组件时触发。
- mousePressed(MouseEvent e)：当鼠标按下时触发。
- e.getButton：1 左键、2 中键、3 右键。
- e.getClickCount()：获得连续按键次数。
- e.getX()、e.getY()：获得单击点的坐标（左上角点为零点）。
- e.getSource()：获得鼠标单击的组件。

数据事件的实现示例参见实训 1：简单计算器功能实现。

9.3.5　窗口事件（WindowEvent 类）

当窗口的状态发生变化时，如最大化、最小化、激活、关闭等，将触发窗口事件。窗口事件的监听器接口为 WindowListener，与之对应的适配器为 WindowAdapter。窗口监听接口内的方法及字段如下：

- windowActivated(WindowEvent e)：当窗口设置为活动窗口时调用，只有框架或对话框可以是活动窗口。
- windowClosed(WindowEvent e)：当使用 dispose 释放窗口时调用。
- void windowClosing(WindowEvent e)：当用户尝试从窗口的系统菜单中关闭窗口时调用。
- void windowDeactivated(WindowEvent e)：当窗口不再是活动窗口时调用。
- void windowDeiconified(WindowEvent e)：当窗口从最小化更改为正常状态时调用。
- void windowIconified(WindowEvent e)：当窗口从正常状态更改为最小化状态时调用。
- void windowOpened(WindowEvent e)：第一次调用窗口可见。

9.4　单元实训

【实训 1】　简单计算器功能实现

（1）为 myText 类增加如下属性：

9-1　计算器显示框的检查实现方法

```
protected boolean boo_jieGuo;              // 文本框内数据是否为结果
protected boolean boo_shuJuHuanCun;        // 文本框内数据是否为计算缓存
protected boolean boo_lianXuYunSuan;       // 是否连续计算（连续按等号进行计算）
protected String str_jieGuo;               // 存储计算结果
```

```
protected String str_shuJuHuanCun;          // 存储计算缓存数据
protected String str_lianXuYunSuan;          // 存储连续运算数据
protected int yunSuanFuHao;                  // 运算符号 0 无运算、1 加、2 减、3 乘、4 除
```

这些属性时刻标识着计算器目前的状态。

（2）在 myText 类中增加计算器初始化的方法。

```
public void ChuShiHua()
{
    // 初始状态，文本框内显示的是结果，不连续运算，数据缓存为空
    this.boo_jieGuo=true;                    // 允许全新输入而不是继续输入
    this.boo_lianXuYunSuan=false;            // 不是连续按等号产生的计算
    this.boo_shuJuHuanCun=false;             // 没有上一个计算结果
    this.yunSuanFuHao=0;                     // 没有预存的运算符号
    this.str_jieGuo="0";                     // 结果为 0
    this.setText("0");                       // 文本框默认设置为 0
}
```

（3）在 myText 类的构造方法中调用这个初始化方法。增加初始化方法后的构造方法如下：

```
public myText(int i) {
    super(i);
    ChuShiHua();
}
```

（4）在 myText 类中增加检查方法，用于保证文本显示区域内的数据是合理的。

```
public void jianCha(){                                       // 对文本框内数据进行检查
    String str= this.getText().trim();                       // 获得内部显示字符串，并且去掉头尾空格
    int l1 = str.length();                                   // 原始长度
    int l2= str.replace(".", "").length();                   // 去掉点后的长度
    if(l1==l2+2)// 此时说明有两个点
        str=str.substring(0,l1-1);                           // 去掉最后输入的点
    if(l1>1 && str.charAt(0)=='0' && str.charAt(1)!='.') // 防止两个前导 0
        str=str.substring(1,l1);
    this.setText(str);
}
```

（5）为清除添加事件监听：在 jiSuanQi 类的第一个 for 循环中加入如下程序：

```
mbQing[i].addMouseListener(new MouseAdapter(){
    public void mouseClicked(MouseEvent e) {
```

```
        butCortrol(((myBut)e.getSource()).getText().trim());
    }                                    // 组件动作监听
});
```

当按计算器上的"BackSpace"、"CE"或"C"键时调用 butCortrol 方法，其参数为按钮上显示的文本。

（6）为数字按钮和运算符号添加事件监听：在 jiSuanQi 类的第二个 for 循环中加入如下程序：

```
mb[i].addMouseListener(new MouseAdapter(){
    public void mouseClicked(MouseEvent e) {
        butCortrol(((myBut)e.getSource()).getText().trim());
    }                                    // 组件动作监听
});
```

当按计算器上的"0～9"、小数点或"+-*/="等键时调用 butCortrol 方法，其参数为按钮上显示的文本。

（7）增加按钮事件调度方法 public void butCortrol(String s)，程序如下：

```
public void butCortrol(String s){
    if("0123456789.".indexOf(s)!=-1){/* 数字键和点 */
        numButCortrol(s);return;
    }
    if("+-*/".indexOf(s)!=-1){/* 运算按钮 */
        signCortrol(s);return;
    }
    if("+/-SQRT1/x%".indexOf(s)!=-1){/* 正负、根号、倒数、百分号 */
        aloneCount("+/-SQRT1/x%".indexOf(s));return;
    }
    if(s=="="){                          // 等号
        equalCortrol();return;
    }
    if(s=="BackSpace"){                  // 退格键
        if(texView.boo_jieGuo) return;
        if(texView.getText().length()>1)
texView.setText(texView.getText().substring(0,texView.getText().length()-1));
        else
            texView.setText("0");
        return;
    }
    if(s=="CE"){                         // 清空文本框
        texView.setText("0");return;
    }
```

```
    if(s=="C"){                    // 计算器复位恢复初始状态
       texView.ChuShiHua();return;
    }
}
```

鼠标左键单击数字键或小数点时调用 butCortrol 方法；单击加减乘除等运算键时调用 signCortrol 方法；当单击正负号、百分号、倒数、根号（SQRT）时调用 aloneCount 方法；当单击等号时调用 equalCortrol 方法。

单击"BackSpace"键时，如果文本框内的数据是某次运算的结果，不允许部分删除；如果文本框内的数据长度大于 1，去掉数据的最后一位；如果文本框内的数据长度为1，将文本框内设置为 0。

单击"CE"键时，将文本框内设置为 0。

单击"C"键时，调用文本框的 chuShiHua 方法，为计算器复位。

（8）单击数字键和小数点后的动作。

```
public void numButCortrol(String s) {
    // 结果态为假，允许继续输入
    if(texView.boo_jieGuo==false){
       texView.setText(texView.getText()+s); texView.jianCha();
    }
    // 原文本框内存的是结果，用户按数字键，开始全新输入
    else
    {
       texView.setText(s);texView.jianCha();
       texView.boo_jieGuo=false;          // 结果态为假，允许继续输入
    }
}
```

该方法的参数为用户所按的键上的文本，如果文本框的结果态参数 boo_jieGuo 为假，说明文本框内现存的数据不是运算结果，而是处于数据输入过程中，此时只需要将用户所按内容接入文本框内的数据的后面，并调用 .jianCha 方法进行数据检测修正，保证文本框内的数据是有效的。当结果态参数 boo_jieGuo 为真时，直接将用户输入的文本替换到文本框即可。

（9）正负号、百分号等单运算符的运算。

```
private void aloneCount(int i) {
    String ss=texView.getText();
    switch(i){
    case 0:{                       // 正负
       if(ss.indexOf("-")==0)
          texView.setText(ss.substring(1,ss.length()));
```

```
            else
              texView.setText("-"+ss);
            break;
        }
        case 3: {                              // 开平方
            double d= Double.valueOf(ss);
            d = Math.sqrt(d);
            texView.setText(String.valueOf(d));
            break;
        }
        case 7: {                              // 倒数
            double d= Double.valueOf(ss);
            d = 1/d;
            texView.setText(String.valueOf(d));
            break;
        }
        case 10: {                             // 百分数
            double d= Double.valueOf(ss);
            d = d/100;
            texView.setText(String.valueOf(d));
            break;
        }
        }
        texView.boo_jieGuo=true;
    }
```

该方法的参数为用户所按的键上的文本在字符串"+/-SQRT1/x%"中的位置 i，可能的位置分别为 0、3、7、10。当用户按这些键时，只是单纯地将文本框内的数据进行相应改变，并将文本框的结果态参数 boo_jieGuo 设置为真。

（10）加减乘除运算按键功能的实现。

```
private void signCortrol(String s) {
    texView.boo_lianXuYunSuan=false;           // 按运算符号了，但不连续运算
    // 运算符号没有存储，即将开始一个全新的运算
    if(texView.yunSuanFuHao==0){
        texView.boo_shuJuHuanCun=true; texView.str_shuJuHuanCun=texView.getText();
        texView.boo_jieGuo=true;
    }
    else if(texView.boo_jieGuo==false){        // 有运算符号，结果态为假，说明结束第二个数
                                               // 据的输入，此时执行计算，存储下一次运算的符号
        count(false);                          // 进行正常计算（不是连续按等号）
    }
```

```
      texView.yunSuanFuHao= "+-*/".indexOf(s)+1; // 存储新的运算符号
  }
```

该方法的参数为用户所按的运算符号。通常，运算的流程是：输入一个数据、输入运算符号、再输入一个数据、输入运算符号，系统通过接收到的运算符号来感知数据输入是否结束。此时，进行第一个运算符号的运算，并将运算结果设置为第一个运算数据。

当没有预存的预算符号时，用户将开始一个全新的运算，此时只需要将文本框内的数据赋值给数据缓存 str_shuJuHuanCun，同时设置数据缓存状态 boo_shuJuHuanCun 为真，设置文本框的结果态 boo_jieGuo 为真。如果有预存的符号，则调用 count 方法，完成预存符号的运算。最后更新预存符号。

用户按加减乘除等运算符号，也就是说不是连续按等号与同一个数据运算，所以设置连续运算参数 boo_lianXuYunSuan 的值为假。

（11）运算实现方法 count。

```
private void count(booleanlian){
    double douFirNum=Double.parseDouble(texView.str_shuJuHuanCun);
    double douNexNum=Double.parseDouble((texView.boo_lianXuYunSuan?texView.str_lianXuYunSuan:texView.getText()));
    double douResult=0;
    // 开始计算
    switch (texView.yunSuanFuHao){
      case 1:douResult=douFirNum+douNexNum; break;
      case 2:douResult=douFirNum-douNexNum; break;
      case 3:douResult=douFirNum*douNexNum; break;
      case 4:{
    if(douNexNum ==0){
        texView.setText(" 除数不能为 0");
        texView.boo_jieGuo=true;
        return;
        }
    else
    douResult=douFirNum/douNexNum; break;
      }
    }
    texView.str_shuJuHuanCun=String.valueOf(douResult);
    texView.setText(texView.str_shuJuHuanCun);
    texView.boo_jieGuo=true;
  }
```

本方法的参数为一个逻辑值，当值为假时为正常计算，此时使用缓存中的数据与文本框中的数据进行运算，将运算结果赋值给数据缓存。当方法参数值为真时，意味着用户需要重复按等号来计算，即连续和相同的数据进行相同的运算。

（12）按等号后的方法。

```
private void equalCortrol() {
    if(texView.yunSuanFuHao==0)
        texView.boo_jieGuo=true;
    else if(texView.boo_lianXuYunSuan==false){      // 按等号将实现一次计算
        texView.str_lianXuYunSuan=texView.getText();
        count(false);                              // 实现正常计算，本次计算初次按等号
        texView.boo_lianXuYunSuan=true;
    }
    else
        count(true);                               // 连续按等号进行计算
    }
```

当运算符号为 0（没有输入运算符号）时，说明用户在无意识地按等号，此时只需要将文本框的结果参数 boo_jieGuo 设置为真，即按完等号后，再次按数字键，将开始全新的输入，而不是接续已经存在的数据。当连续运算属性 boo_lianXuYunSuan 为假时，用户在本次计算中第一次按等号，此时将文本框的值存储到 str_lianXuYunSuan 变量中，并设置连续运算参数为真。进行正常计算（缓存的数与文本框中的数据进行计算）。当连续运算属性 boo_lianXuYunSuan 为真时，意味着已经按等号完成了一次计算，此时再按等号说明用户需要重复地与同一个数据进行计算，那么将缓存中的数据与存储的 str_lianXuYunSuan 变量的值进行运算，并将运算结果赋值给缓存变量。

计算器完整程序代码参见资源文件包。

【实训2】 创建五子棋游戏

本实训将从零开始，创建一个简单的五子棋游戏。完成后的界面如图 9-10 所示。

9-2 五子棋棋子落点位置的确定

9-3 五子棋游戏判断输赢的方法

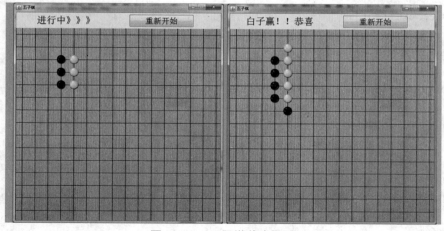

图 9-10 五子棋游戏界面

在制作之前需要准备 3 个图片文件：棋盘（bak.jpg）、黑子（black.png）和白子（white.png），如图 9 – 11 所示。注意，棋子周围要设置为透明。将这 3 个图片文件放入 picture 文件夹备用。

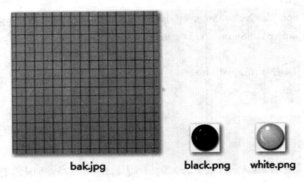

图 9 – 11　棋盘、黑子和白子

（1）启动 Eclipse，建立 Java 工程，将 picture 文件夹复制到工程的 bin 文件夹中。

（2）创建 WuZiQi 类，继承父类 JFrame，在类文件的上方引入如下资源：

```java
import java.awt.*;
import java.awt.event.*;
import java.applet.*;
import java.util.ArrayList;
import javax.swing.*;
import javax.swing.event.*;
```

（3）在 WuZiQi 类的下方，继承 JPanel 父类创建 piece 类，棋盘、棋子都将基于这个类产生。

```java
// 设置主页背景图片的 JPanel 类
class piece extends JPanel {
    ImageIcon icon;
    Image img;
    int x,y,w,h;
    public piece(String imgUrl,int x0,int y0,int w0,int h0) {
        icon=new ImageIcon(getClass().getResource(imgUrl));
        img=icon.getImage();
        this.x=x0;this.y=y0;        this.w=w0;this.h=h0;
        this.setBounds(x0, y0, w0, h0);        // 设置对象的位置和大小
        this.setOpaque(false);                 // 设置透明
        this.setVisible(true);                 // 设置可见
    }
    // 重写 paintComponent 方法，实现带有图片背景的面板
```

```
public void paintComponent(Graphics g) {
    super.paintComponent(g);
    g.drawImage(img, 0, 0,this.getWidth(), this.getHeight(), this);
    }
}
```

这个类的构造方法有 5 个参数，分别为背景图片路径、对象所在位置坐标 (x,y) 和对象的大小 (w,h)。

（4）WuZiQi 类定义的属性参数。

```
piece jp0,jp;                          // jp0 为底层面板，jp 为棋子缓存
JTextField texView;                    // 显示框，用于显示游戏结果
JButton jbReset;                       // 重新开始按钮
ArrayList alPiece;                     // 存储棋子，为以后的悔棋、复盘做准备。本实训没有加入
int[][] map = new int[16][16];         // map[i][j] 记录棋盘状态，为 0 无子、为 1 白子、为 2 黑子
boolean isBlack=true;                  // 默认黑子先下
boolean result=false;                  // 游戏结束后，不允许再落子
```

（5）在 WuZiQi 类构造方法中加入界面初始化程序。

```
this.setSize(640,690);                                      // 设置界面大小
this.setTitle(" 五子棋 ");                                   // 设置标题
jp0 = new piece("picture/bak.jpg",0,50,640,640);           // 生成棋盘面板
jp0.setLayout(null);                                        // 棋盘面板按程序设置布局而不是默认
alPiece=new ArrayList();                                    // 初始化数组列表，用于存储棋子对象
// 结果显示框
texView = new JTextField(30);
texView.setEditable(false);                                 // 不能编辑
texView.setBorder(BorderFactory.createEmptyBorder());       // 边框
texView.setFont(new Font("",Font.PLAIN,30));                // 文字
texView.setHorizontalAlignment(JTextField.CENTER );         // 居中对齐
texView.setBounds(35,5,240,40);                             // 位置和大小
getContentPane().add(texView);                              // 加入底层框架
// 重新开始按钮
jbReset= new JButton(" 重新开始 ");                          // 生成按钮对象
jbReset.setBounds(350,5,200,40);                            // 按钮对象位置和大小
jbReset.setFont(new Font("",Font.PLAIN,25));                // 按钮上文字的字体和大小
getContentPane().add(jbReset);                              // 加入底层框架
ready();                                                    // 调用游戏初始化方法。初始化方法将在下方给出
```

（6）在 WuZiQi 类构造方法中，为棋盘对象设置鼠标动作监听。

```
jp0.addMouseListener(new MouseAdapter(){
```

```
            public void mouseClicked(MouseEvent e){
                int px,py;                                    // 记录鼠标单击点在棋盘上的位置
                if(result)                                    // 如果游戏已经结束，则禁止落子
                    return;
                px= getPosition(e.getX());        //e.getX() 得到单击点的横坐标
                py= getPosition(e.getY());        //e.getY() 得到单击点的纵坐标
                /*getPosition 方法，将用户在棋盘上的单击点换算为棋盘上的位置坐标 */
            if(map[px][py]>0)                             // 该点已经有棋子，返回
                    return;
                if(isBlack){                                  // 如果应该落黑子
            jp= new piece("picture/black.png",px*40+20-15,py*40+20-15,30,30); // 生成棋子
                jp0.add(jp);                              // 加入到底层面板
                alPiece.add(jp);                          // 棋子加入到数组列表
                isBlack=false;                            // 下一次落白子
                map[px][py]=2;                            // 棋盘数组对应位置为 2，表示落的是黑子
                iswin(2,px,py);                           // 调用方法判断输赢
                }else{                                        // isBlack 为假，此时应该落白子
                jp= new piece
        ("picture/white.png",px*40+20-15,py*40+20-15,30,30);      // 生成白子对象
                jp0.add(jp);                              // 落入棋盘
                alPiece.add(jp);                          // 将棋子存入数组列表
                isBlack=true;                             // 下一次落黑子
                map[px][py]=1;//                          // 棋盘数组对应位置为 2，表示落的是白子
                iswin(1,px,py);                           // 判断输赢
                }
                jp0.validate();                           // 系统方法，用于验证组件
                jp0.repaint();                            // 系统方法，界面刷新。用于显示新加入的棋子
            }
        });
```

getPosition 方法返回的是用户单击点相对于棋盘格左上角点的格子坐标。格子宽度为 40 像素，棋盘格左侧有 20 像素的空白区域，棋子的宽度、高度均为 30 像素，组件加入到面板时以组件的左上角点为定位点。(px*40+20–15、py*40+20–15) 可以得到棋子在棋盘面板中的左上角点坐标值。

（7）在 WuZiQi 类构造方法中，为重新开始按钮设置鼠标动作监听。

```
jbReset.addActionListener(new ActionListener(){
    public void actionPerformed(ActionEvent e){
        ready();                            // 调用初始化方法
    }
});
```

（8）在 WuZiQi 类构造方法中增加窗体布局程序。

```
getContentPane().setLayout(null);                    // 设置窗体布局
    getContentPane().add(jp0);

    this.setResizable(false);                        // 设置不能改变大小
    this.setDefaultCloseOperation(JFrame.EXIT_ON_CLOSE);
    this.setVisible(true);
    // 皮肤管理
        try {
    UIManager.setLookAndFeel("com.sun.java.swing.plaf.windows.WindowsLookAndFeel");
        }
        catch (Exception exc)
        {
            System.err.println("Error loading L&F: " + exc);
        }
        SwingUtilities.updateComponentTreeUI(this);
```

（9）在 WuZiQi 类构造方法中增加获得棋盘坐标的方法。

```
// 获得位置;
    public int getPosition(int po){
        po=po-20;
        po=(po%40<20)?po/40:(po/40+1);
        return po;
    }
```

定义棋盘格的左上点为 (0,0) 点，每个格子单位为 1。该方法返回的是用户单击点在棋盘格中的坐标。以横坐标为例，本方法接收的参数是用户单击点相对于棋盘面板左上角点的坐标，棋盘格左侧有 20 像素的空白边，po–20 可以将这个空白边减掉，得到用户单击点坐标的修正值。棋盘格为 40 像素的正方形，如果用户单击点的横坐标修正值除以 40 的余数小于 20，说明用户单击的是某个格子的左半部分，即用户想定位到左边线；反之，用户想定位到右边线。纵坐标的确定与横坐标类似。

（10）在 WuZiQi 类构造方法中增加判断输赢的方法。

```
public void iswin(int t,int row,int col)
{
    int orgrow,orgcol,total;
    orgrow = row; orgcol = col; total = 1;          // 初始化，储存单击点坐标
    // 判断每列是否有 5 个
    while(col>0 && map[row][col-1]==t){             // 查看当前子上方的棋子
        total++;    col--;                          // 数量增 1，继续向上查看
    }
```

```java
    row = orgrow;col = orgcol;
    while(col+1<16 && map[row][col+1]==t){          // 查看当前子下方的棋子
        total++;col++;                              // 数量增 1，继续向下查看
    }
    if(total>=5)
        celebrate(t);                              // 调用结果显示方法

    // 判断每行是否有 5 个
    row= orgrow; col=orgcol; total = 1;            // 初始化，储存单击点坐标
    while(row>0 &&map[row-1][col]==t){             // 查看当前子左侧的棋子
        total++;   row--;                         // 数量增 1，继续向左查看
    }
    row = orgrow;col = orgcol;
    while(row+1<16 && map[row+1][col]==t){         // 查看当前子右侧的棋子
        total++; row++;                            // 数量增 1，继续向右查看
    }
    if(total>=5)
        celebrate(t);                              // 调用结果显示方法
    // 左上右下有没有 5 个
    row= orgrow; col=orgcol; total = 1;            // 初始化，储存单击点坐标
    while(row>0 && col>0 && map[row-1][col-1]==t){ // 查看左上方
        total++;row--;col--;                       // 数量增 1，继续向左上方查看        ;
    }
    row = orgrow;col = orgcol;
    while(row+1<16 && col+1<16 && map[row+1][col+1]==t){   // 查看右下方
        total++; row++;   col++;                   // 数量增 1，继续向右下方查看
    }
    if(total>=5)
        celebrate(t);                              // 调用结果显示方法

    // 左下右上有没有 5 个
    row= orgrow; col=orgcol; total = 1;            // 初始化，储存单击点坐标
    while(row>0 && col+1<16 && map[row-1][col+1]==t){      // 左下方
        total++; row--;col++;                      
    }
    row = orgrow;col = orgcol;
    while(row+1<16 && col>0 && map[row+1][col-1]==t){      // 右上方
        total++; row++;col--;
    }
    if(total>=5)
        celebrate(t);
}
```

（11）在 WuZiQi 类构造方法中增加结果显示的方法。

```
public void  celebrate(int t){
    if(t==1){
        JOptionPane.showMessageDialog(null, " 白子赢！ "," 结果 ",1);
        texView.setText(" 白子赢！！ 恭喜 ");
    }
    else{
        JOptionPane.showMessageDialog(null, " 黑子赢！ "," 结果 ",1);
        texView.setText(" 黑子赢！！ 恭喜 ");
    }
    result=true;              // 游戏已经结束，不可以再落子
}
```

（12）在 WuZiQi 类构造方法中增加初始化方法。

```
public void ready(){
    alPiece.clear();          // 清空数组列表
    jp0.removeAll();          // 清空面板
    // 清空棋子状态
    for(int i=0;i<16;i++)
        for(int j=0;j<16;j++)
            map[i][j]=0;      // 初始状态无子
    isBlack=true;             // 默认黑子先下
    result=false;
    texView.setText(" 进行中》》》 ");
    // 刷新面板
    jp0.validate(); jp0.repaint();
}
```

清空数组列表、清空棋盘面板、将棋子状态数组设置为 0 值。
五子棋完整程序代码参见资源文件包。

技能检测

一、选择题

1. 下列选项中，属于容器的组件有（   ）。
   A. JButton　　　　　B. JLabel　　　　　C. JPanel　　　　　D. JTextArea
2. 下列方法中，不属于监听器接口的是（   ）。
   A. KeyListener()　　B. MouseListener()　　C. ActionListener　　D. windowAdapter
3. 为了让按钮组件 JRadioButton 具有单选效果，必须（   ）。
   A. 定义一个 ButtonGroup 对象 group，将两个单选按钮对象加到 group 中

B. 将两个单选按钮对象放在同一个面板上

C. 创建两个单选按钮对象时定义相同的对象名

D. 让两个单选按钮排成一行或一列

4. 容器被重新设置大小后，（　　）布局管理器的容器中的组件大小不随容器大小的变化而改变。

A. CardLayout   B. FlowLayout   C. BorderLayout   D. GridLayout

5. 在基于 swing 的图形用户界面设计中，面板属于（　　）。

A. 顶层容器   B. 中间级容器   C. 窗格   D. 原子组件

6. 下列关于框架的描述，不正确的是（　　）。

A. 框架是 swing 的顶级容器组件

B. 框架是一个图形界面程序的主窗口

C. 框架一般包括标题栏、最小化／最大化／关闭按钮和边框等

D. 一个图形界面程序只能有一个框架

7. 下列选项中，（　　）语句用于创建一个带有"打开"文字的按钮。

A. JCheckBox jcb= new JCheckBox(" 打开 ")

B. JTextField jtf = new JTextField (" 打开 ")

C. JButton jb = new JButton(" 打开 ")

D. JLabel jl = new JLabel(" 打开 ")

8. 如果容器组件 p 的布局是 BorderLayout，则在 p 的下边添加一个按钮 b，应该使用的语句是（　　）。

A. p.add(b);   B. p.add(b,"NORth");

C. p.add(b,"South");   D. p.add(p,"North");

9. 如果有一个对象 myListener（该对象实现了 ActionListener 接口），下列选项中，（　　）语句可使 myListener 对象能够处理来自 smallButton 按钮对象的动作事件。

A. smallButton.add(myListener);

B. smallButton.addListener(myListener);

C. smallButton.addActionListener(myListener);

D. smallButton.addItem(myListener);

10. 能将容器划分为 "East"、"South"、"West"、"North" 和 "Center" 5 个区域的布局管理器是（　　）。

A. BorderLayout   B. FlowLayout   C. GridLayout   D. CardLayout

二、填空题

1. _____包括 5 个明显的区域：东、南、西、北、中。

2. 在 Java 程序中，可以使用_____方法将组件添加到容器中。

3. 在图形用户界面程序设计中，判断单选按钮的方法是_____，获取文本框内容的方法是_____。

4. _____布局管理器使容器中各个构件呈网格布局，平均占据容器空间。

5. _____组件提供了一个简单的"从列表中选取一个"类型的输入。

三、编程题

1. 编写程序实现如下界面效果。

2. 编写程序，利用 FlowLayout 布局管理器实现如下界面效果。

单元 ⑩

数据库编程基础

📖 | 单元导读

　　在前面单元讲解的一些应用中，程序需要的数据都是从控制台输入的，程序的结果
也是输出到控制台供用户查看。对于简单的应用，这是可以的，但对于复杂的应用，例
如在五子棋游戏中查看历史操作，在购物管理系统中查询商品单价，该如何实现？实际
上，这些都离不开数据库的支持，本单元将介绍数据库编程方面的知识。

📚 | 学习目标

✓ 掌握 Windows 数据源的配置，能够使用桥连接方法连接 Access 与 SQL Server 数据库。
✓ 了解桥连接和驱动连接数据库的区别。
✓ 掌握 SQL Server 数据库的驱动连接方法。
✓ 理解 Connection、Statement 与 resultSet 的关系。
✓ 掌握从数据库中查询数据的方法，能够从数据库中查询数据，并实际输出结果。
✓ 掌握数据的插入、更新以及删除的方法。

📕 | 课程思政目标

　　我们在餐馆点餐时，通过扫码就可以知道菜品的单价；在商场购物时，通过扫码就
可以知道产地、真假等信息；通过手机、电脑可以时刻学习党史、了解国家大事……这
些都需要数据库的支持。在这个高度交融的社会中，每个人都能享受到各种数据库带来
的便利，每个人也都在或多或少地改变着数据库中的数据。那么，你希望自己留下什么
样的印记呢？当今世界正经历百年未有之大变局，我们要为中华巨轮的前行做出贡献，
让中华文明这个大的数据库在未来熠熠生辉。

10.1 Java 与数据库的连接

Java 能够连接几乎所有的主流数据库，如 Access、SQL Server、Oracle、MySQL 等，本单元以 Access 数据库和 SQL Server 数据库的连接为例进行讲解，其他数据库的连接与此类似。Java 连接数据库的方式有很多种，比较常用的有使用 JDBC-ODBC 桥连接和使用 JDBC 驱动连接。

10.1.1 使用 JDBC-ODBC 桥连接 Access 数据库

使用 JDBC-ODBC 桥连接 Access 数据库，需要在控制面板中配置数据源。配置流程如下：

（1）假设已经建立 Access 数据库 stus.accdb。

（2）进入控制面板，双击管理工具，双击"ODBC 数据源（32 位）"（32 位系统直接双击 ODBC 数据源），进入"ODBC 数据源管理器"，如图 10 - 1 所示。

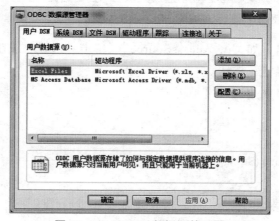

图 10 - 1　ODBC 数据源管理器

（3）切换到"系统 DSN"选项卡，单击右侧的"添加"按钮，弹出"创建新数据源"对话框，如图 10 - 2 所示。

图 10 - 2　"创建新数据源"对话框

（4）选择"Microsoft Access Driver(*.mdb,*.accdb)"选项，单击"完成"按钮，弹出"ODBC Microsoft Access 安装"对话框，如图 10-3 所示。

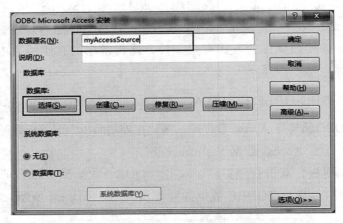

图 10-3 "ODBC Microsoft Access 安装"对话框

（5）为数据源命名，如"myAccessSource"，单击"选择"按钮，选择需要的 Access 数据库文件，单击"确定"按钮。

（6）使用如下程序来测试连接是否成功。

```java
import java.sql.*;
public class test {
    public static void main(String[] args) {
        Connection conn=null;
        try
        {
            Class.forName("sun.jdbc.odbc.JdbcOdbcDriver");
            conn=DriverManager.getConnection("jdbc:odbc:myAccessSource","","");
        if(conn!=null &&conn.isClosed()==false)
            System.out.println(" 连接成功 ");
        }
        catch (ClassNotFoundException e) {
            // TODO Auto-generated catch block
            e.printStackTrace();
        }
        catch(SQLException e)
        { System.out.println("SQLState:" + e.getSQLState());
            System.out.println("Message:" + e.getMessage());
            System.out.println("Vendor:" + e.getErrorCode());
        }
    }
}
```

需要注意的是，语句 conn=DriverManager.getConnection("jdbc:odbc:myAccessSource","",""); 中的 myAccessSource 为数据源名称。

10.1.2 使用 JDBC-ODBC 桥连接 SQL Server 数据库

使用 JDBC-ODBC 桥连接 SQL Server 数据库，同样需要在控制面板中配置数据源。

（1）假设 SQL Server 数据库中已经建立"student"数据库，并且包含"studs"表。

（2）进入控制面板，双击管理工具，双击"ODBC 数据源（32 位）"（32 位系统直接双击 ODBC 数据源），进入"ODBC 数据源管理器"，如图 10－1 所示。

（3）切换到"系统 DSN"选项卡，单击右侧的"添加"按钮，弹出"创建新数据源"对话框，将右侧的滚动条拉到底，在最下方选择"SQL Server"选项，单击"完成"按钮，如图 10－4 所示。

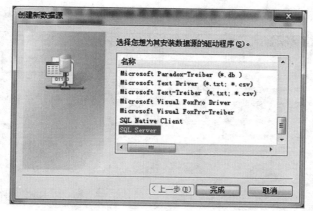

图 10－4 "创建新数据源"对话框

（4）弹出"创建到 SQL Server 的新数据源"对话框，输入数据源的名称，如"mySqlserver Source"，输入或选择 SQL Server 服务器，如图 10－5、图 10－6 所示。SQL Server 服务器必须和数据库管理系统一致。

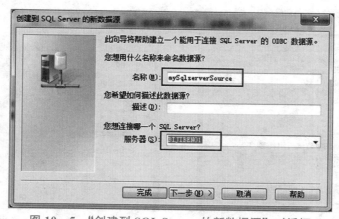

图 10－5 "创建到 SQL Server 的新数据源"对话框

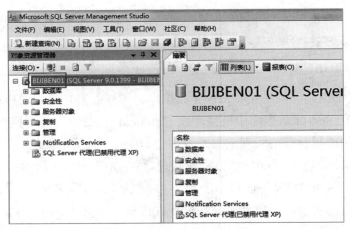

图 10 - 6　查看服务器名称

（5）连续单击两次"下一步"按钮，选择需要连接的数据库，如图 10 - 7 所示。

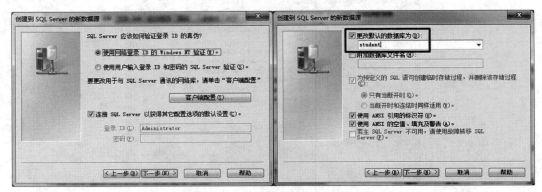

图 10 - 7　选择需要连接的数据库

（6）单击"下一步"按钮，然后单击"完成"按钮，弹出测试连接对话框，如图 10 - 8 所示。

（7）单击"测试数据源"按钮，如果没有问题，会弹出测试成功对话框，如图 10 - 9 所示。

图 10 - 8　测试连接

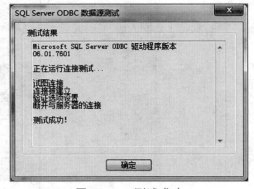

图 10 - 9　测试成功

（8）注意，使用桥连接 Access 数据库时的测试代码需替换数据源名称。

（9）第 5 步的左图也可以选择"使用用户输入登录 ID 和密码的 SQL Server 验证"，在下方输入登录 ID（通常为 sa）和登录密码。注意，假设 SQL Server 数据库 sa 用户的连接密码为"123456"，那么连接字符串为：conn=DriverManager.getConnection("jdbc:odbc:mySqlserverSource","sa","123456");

10.1.3　使用 JDBC 驱动连接 SQL Server 数据库

通过学习 Java 同 Access、SQL Server 的桥连接可以得知，采用这种方式连接数据库，数据需要在 Java 端的 JDBC 和 Windows 系统提供的 ODBC 数据源之间中转。其优点是通用，即使数据库更换了，因为连接代码基本相似，所以代码几乎不

10-1　使用 JDBC 驱动连接 SQL Server 数据库

用改动。缺点是速度比较慢，因为我们在学习和测试时处理的数据量较少，所以体会可能不会很深。另外，桥连接只能使用标准的 SQL 语句，但实际上，大型数据库都对 SQL 查询语言有所扩充，形成诸如 T-SQL 或 P-SQL 等的数据库操作语言，这些不是 ODBC 能够支持的。为解决这类问题，可以加载数据库 JDBC 驱动包，从而实现对数据库的直连。

下面以 SQL Server 数据库为例，进行数据库的驱动连接。

1. 更改 SQL Server 的登录验证模式

如果在安装 SQL Server 时，身份验证模式选择的是"Windows 身份验证模式"而不是"SQL Server 和 Windows 身份验证模式"，则需要对数据库的验证模式做出调整。流程如下：

（1）启动 SQL Server 数据库管理器，在左侧服务器根目录上右击，在弹出的快捷菜单中选择"属性"，如图 10-10 所示。

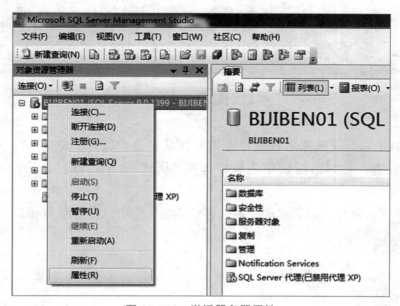

图 10-10　激活服务器属性

（2）在"服务器属性"对话框的左侧选择"安全性"选项，在右侧的"服务器身份验证"栏中选中" SQL Server 和 Windows 身份验证模式"，单击"确定"按钮，关闭对话框，如图 10 - 11 所示。

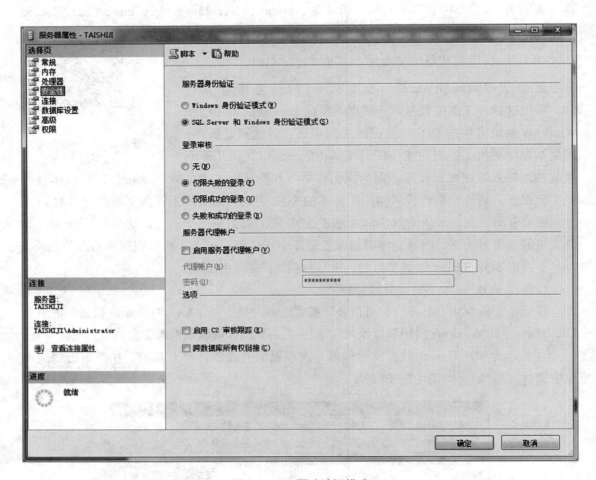

图 10 - 11　更改验证模式

（3）在 SQL Server 数据库管理器左侧的树状目录中展开"安全性"→"登录名"，在" sa"上右击，在弹出的快捷菜单中选择"属性"（本处以默认用户 sa 为例），如图 10 - 12 所示。

（4）在"登录属性"对话框的左侧选择"常规"选项，在右侧为 sa 用户设置登录密码，如图 10 - 13 所示。

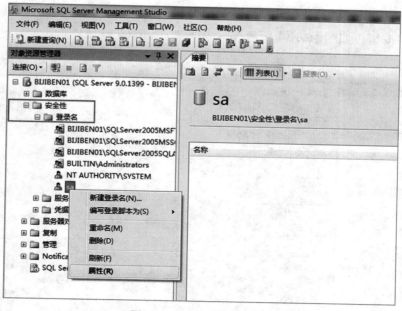

图 10 - 12　激活登录属性

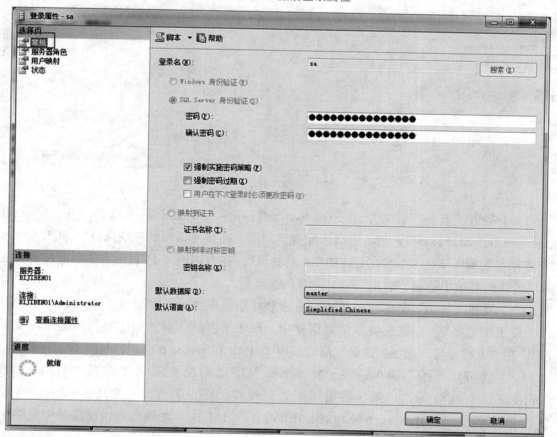

图 10 - 13　为 sa 用户设置登录密码

（5）在"登录属性"对话框的左侧选择"状态"选项，在右侧选择"启用"登录，单击"确定"按钮，如图 10-14 所示。

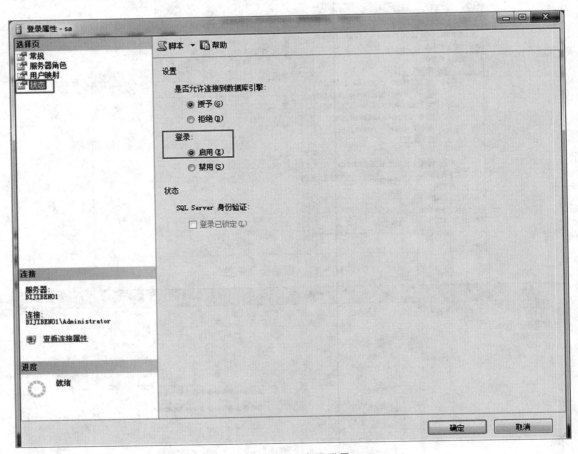

图 10-14 启用登录

（6）展开"开始"菜单，在 SQL Server 程序组的配置工具中选择"SQL Server Configuration Manager-"，激活数据库配置管理器。在该对话框的左侧选择"SQL Server 2005 网络配置"下的"MSSQLSERVER 的协议"，在右侧的"TCP/IP"选项上右击，在弹出的快捷菜单中选择"启用"，如图 10-15 所示。

（7）展开"开始"菜单，在 SQL Server 程序组的配置工具中选择"SQL Server 2005 外围应用配置器"。在该配置器的对话框中，单击下方的"服务和连接的外围应用配置器"，在"远程连接"选项中选择"同时使用 TCP/IP 和 named pipes"，如图 10-16 所示。

（8）展开"开始"菜单，在 SQL Server 程序组的配置工具中选择"SQL Server Configuration Manager-"，激活数据库配置管理器。在左侧选择"SQL Server 2005 服务"，在右侧的"SQL Server（MSSQLSERVER）"上右击，在弹出的快捷菜单中先将该服务停止再重新启动，如图 10-17 所示。

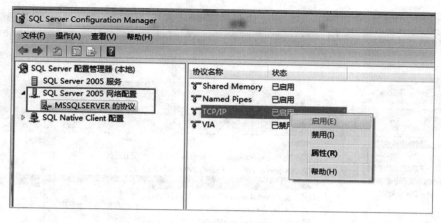

图 10 - 15　启用 TCP/IP 协议

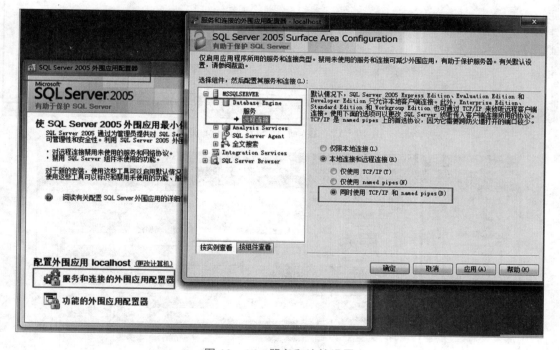

图 10 - 16　服务和连接设置

以上设置以"SQL Server 2005"为例,其他版本的设置方法类似。

2. 下载并配置 JDBC 数据库驱动包

下载 JDBC 4.0 驱动包,解压后选择"sqljdbc4.jar"文件。配置安装流程如下:

(1)把 sqljdbc4.jar 放到 C:\Program Files 中(也可放到其他文件夹中)。

(2)启动 Eclipse,建立新项目,或打开已存在的项目。

(3)在 Java 项目上右击,在弹出的快捷菜单中选择"Properties",弹出属性对话框,在左侧选择"Java Build Path"选项，在右侧选择"Libraries"选项卡，再单击最右侧的"Add External JARs"按钮，选择所需要的"sqljdbc4.jar"文件，完成驱动的配置，如图 10 - 18 所示。

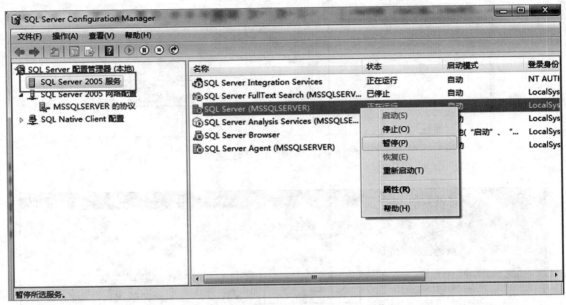

图 10 - 17　重新启动 SQL Server 服务

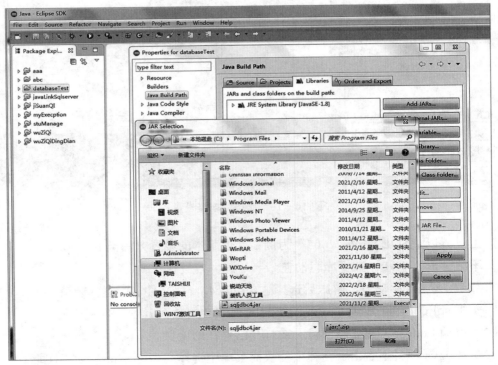

图 10 - 18　加载 JDBC 驱动

3. 测试

```
Connection conn;
    try {
        Class.forName("com.microsoft.sqlserver.jdbc.SQLServerDriver");
        conn = DriverManager.getConnection("jdbc:sqlserver://localhost:1433;DatabaseName=student","
sa", "123456");
        if(conn!=null &&conn.isClosed()==false)
            System.out.println(" 连接成功 ");
    } catch (Exception e1) {
        e1.printStackTrace();
    }
```

其中，localhost:1433; 为数据库所在的位置，localhost 的意思是本机，如果在局域网内的其他电脑上，应该将 localhost 换为相应的 IP 地址，1433 为 SQL Server 的默认网络端口号，通常不会改变。在 DatabaseName=student","sa","123456" 中，"student"为要连接的数据库名称，在实际使用时应进行相应的替换，"sa" 和 "123456" 为连接数据库所需的用户名和密码。

10.2 Java 对数据库的操作

与数据库建立连接后，就可以使用 Java 对数据库进行增、删、改、查等操作了。在实际使用中，通常建立一个数据库操作类，将所有与数据库相关的操作都委托给这个类来处理。

10.2.1 建立表格封装学生类

建立 student 数据库，建立 studs 表，结构见表 10-1。

表 10-1 studs 表的结构

字段名称	数据类型	说明
ID	int	主键、不允许空、自动增长
name	varchar(50)	不允许空
sex	char(2)	不允许空
score	float	允许空
city	varchar(50)	允许空

建立 Java 工程 stuManage，在该工程内建立数学信息封装类 student.java。

```
public class Student {
```

```
        private int id;
        private String name;
        private String sex;
        private double score;
        private String city;
        public int getId() { return id;}
        public void setId(int id) {    this.id = id;}
此处省略其他属性的 get/set 方法。
public Student(){}// 空构造方法
// 能够设置所有属性值的构造方法
        public Student(int id, String name, String sex,double score, String city) {
            this.id = id;
            this.name = name;
            this.sex=sex;
            this.score = score;
            this.city = city;
        }
        // 从二维对象数组中取数据来构造对象
        public Student(Object[][] list,inti){
            this.id = Integer.parseInt(list[i][0].toString());
            this.name = list[i][1].toString();
            this.sex=list[i][2].toString();
            this.score = Float.parseFloat(list[i][3].toString());
            this.city = list[i][4].toString();
        }
}
```

学生类内部的构造方法及其他方法可以根据需要进行增加，并不是固定的。

建立测试类 test.java，程序如下：

```
public class test {
    public static void main(String[] args) {
        Student s= new Student(15," 王彤 "," 女 ",96," 淄博 ");
        System.out.println(s.getId()+" 号考生 "+s.getName()+s.getSex()+s.getCity()+" 人，分数 "+s.getScore());
    }
}
```

程序运行结果如下：

15 号考生王彤女淄博人，分数 96.0

10.2.2　建立数据库操作类

新建数据库操作类 JdbcUtil.java，在里面添加如下方法：

10 - 2　数据库操
作类的建立流程

1. 引入的类包

import java.sql.*;

2. 定义公共属性

private static Connection conn=null;
private static Statement stmt;

3. 获得数据连接的方法

```
public static void getConnection() {
    String strConn;
    strConn ="jdbc:sqlserver://localhost:1433;DatabaseName=student";
    int resultSetType=ResultSet.TYPE_SCROLL_SENSITIVE;
    int resultSetConcurrency=ResultSet.CONCUR_READ_ONLY;
    try {
        if(conn==null || conn.isClosed()){
        Class.forName("com.microsoft.sqlserver.jdbc.SQLServerDriver");
        conn = DriverManager.getConnection(strConn,"sa", "123456");
        stmt = conn.createStatement(resultSetType,resultSetConcurrency);
        }
    } catch (Exception e1) {
        e1.printStackTrace();
    }
}
```

连接"student"数据库，用户名为"sa"，密码为"123456"。在一个系统中，用户会频繁地操作数据库，每次操作数据库都需要进行数据连接，但是如果每次都与数据库建立一个新的连接，不仅造成资源浪费，更重要的是一个数据库提供的对外接口是有限的。所以先检测数据库连接是否已经存在，如果存在就不用重新建立了。

在 Java 里操作数据库通常会借助 Statement 组件，Statement 用于在已经建立数据库连接的基础上，向数据库发送要执行的 SQL 语句。该组件有 3 个常用方法：executeQuery、executeUpdate 和 execute。另外还有 prepareStatement 方法，主要用于批处理的情形。

在创建 Statement 对象时，本任务指定了两个参数：第一个参数为 resultSetType（结果集类型），有三个取值；第二个参数为 resultSetConcurrency（并发类型），有两个取值。各取值分别介绍如下：

- ResultSet.TYPE_FORWARD_ONLY：结果集只能从前向后读，不支持随机定位。
- ResultSet.TYPE_SCROLL_INSENSITIVE：支持记录指针随机定位，结果集形成后，其他用户对数据库的更新不会反映到结果集中。
- ResultSet.TYPE_SCROLL_SENSITIVE：支持记录指针随机定位，结果集形成后，

其他用户对数据库的更新会反映到结果集中（其他用户的插入和删除不会同步到本结果集）。

- ResultSet.CONCUR_READ_ONLY：ResultSet 指针只能按列顺序向前移动，也就是说在取得 name 列之后，将不能再返回获取 id 列的值。
- ResultSet.CONCUR_UPDATABLE：当前记录可以更新，即可以执行 resordset.set。

4. 数据库连接关闭的方法

```java
public static void release() {
    try {
        stmt.close();
        conn.close();
    } catch (Exception e1) {
        e1.printStackTrace();
    }
}
```

每次对数据库操作完成之后，应及时关闭数据连接，这样可以有效解决本地资源消耗的问题，及时释放数据连接供他人使用。

5. 添加、删除、修改数据的方法

```java
public static boolean stuUpadte(String sql){
    getConnection();
    try {
        stmt.executeUpdate(sql);
        return true;
    } catch (Exception e1) {
        e1.printStackTrace();
    }finally{
        release();
    }
    return false;
}
```

该方法接收标准的 SQL 更新语句，返回执行是否成功。

6. 查询数据用的方法

```java
public static ResultSet stuSelect(String sql){
    ResultSet rs1;
    getConnection();
    try {
        rs1 = stmt.executeQuery(sql);
```

```
            return rs1;
        } catch (Exception e1) {
            e1.printStackTrace();
            return null;
        }
    }
```

接收查询语句，返回结果集。

7. 将数据集封装到二维数据

```
public static Object[][] queryAll(){
    String sql="select * from stus";              // 准备 sql
    ResultSet rs = JdbcUtil.stuSelect(sql);       // 执行 sql
    Object[][] obj;
    int i=0;
    try {
        rs.last();                                // 移到最后一行
        int rowCount = rs.getRow();               // 得到当前行号，也就是记录数
        rs.beforeFirst();                         // 还要用到记录集，把指针再移到初始化的位置
        obj= new Object[rowCount][5];

        while(rs.next()) {
            obj[i][0]=rs.getInt(1);
            obj[i][1]=rs.getString(2);
            obj[i][2]=rs.getString(3);
            obj[i][3]=rs.getDouble(4);
            obj[i][4]=rs.getString(5);
            i++;
        }
        return obj;
    } catch (SQLException e) {
        // TODO Auto-generated catch block
        e.printStackTrace();
    }
    // 关闭连接
    JdbcUtil.release();
    return null;
}
```

10.2.3 数据插入更新测试

1. 插入测试程序

```
String name=" 宋哲 ",sex=" 女 ",strSouce="98",city=" 广州 ";
```

```
String sql="insert into stus(name,sex,score,city) values(";
sql=sql+ "'"+name+"','"+sex+"', "+ Double.parseDouble(strSouce)+",'"+city+"') ";
if(JdbcUtil.stuUpadte(sql))
    System.out.println(" 插入成功 ");
else
    System.out.println(" 插入失败 ");
```

读者可以按照这个格式尝试插入更多的记录，并在 SQL Server 中打开数据库查看。

2. 更新测试程序

```
String sql="update stus set sex=' 男 ',city=' 营口 ' where  name=' 宋哲 '";
if(JdbcUtil.stuUpadte(sql))
    System.out.println(" 更新成功 ");
else
    System.out.println(" 更新失败 ");
```

更新后，读者可以去数据库中查看更新效果，也可以自行测试删除语句。

3. 查询测试程序

```
int count;
    String sql="select * from stus";
    ResultSetrs=JdbcUtil.stuSelect(sql);
    try {
      rs.last();                              // 记录指针移动到最后一条记录
      count =rs.getRow();                     // 获得最后一条记录的序号，从而得到记录总数
      System.out.println(" 共查询到 "+count+" 条记录 ");
      rs.beforeFirst();                       // 记录指针移动到第一条记录之前
      Student s= new Student();
      for(int i=1;i<=count;i++){
        rs.next();
        s.setId(rs.getInt(1));                // 注意字段编号从 1 开始
        s.setName(rs.getString(2));           // 在获得记录时可以指定序号
        s.setSex(rs.getString("sex"));        // 也可以指定字段名称
        s.setScore(Double.parseDouble(rs.getObject(4).toString()));
        s.setCity(rs.getString("city"));
        System.out.println(s.getId()+" 号考生 "+s.getName()+s.getSex()+s.getCity()+" 人，分数 "+s.getScore());
      }
    } catch (SQLException e) {
      // TODO Auto-generated catch block
      e.printStackTrace();
    }
```

Java 中并没有提供直接获得结果集记录总数的方法，所以只能通过 rs.last() 和 rs.

getRow() 互相配合来得到记录总数。在具体获取字段值时，既可以指定字段的编号，也可以指定字段的名称。如果不知道字段的类型，可以使用 rs.rs.getObject(4). 方法。

10.3 单元实训

【实训】 简易学生信息管理系统的实现

建立一个简易的学生信息管理系统，界面如图 10－19、图 10－20 所示。

10－3 简易学生
信息管理系统信
息更新的实现

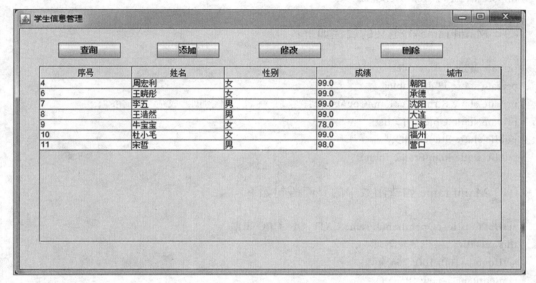

图 10－19 学生信息管理系统的查看界面

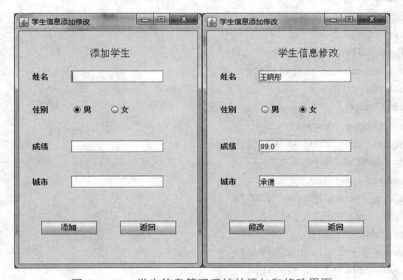

图 10－20 学生信息管理系统的添加和修改界面

Java 语言程序设计基础教程

建立流程如下：

（1）删除 stuManage 工程中的 test.java。

（2）继承 JFrame 父类建立 MainFrame 类，引入如下类资源：

```java
import java.awt.BorderLayout;
import java.awt.EventQueue;
import javax.swing.*;
import javax.swing.table.DefaultTableModel;
import java.awt.event.ActionListener;
import java.awt.event.ActionEvent;
```

（3）MainFrame 类定义的属性如下：

```java
private JPanelcontentPane;
private static JTable table;
private static String[] columnCount= {" 序号 "," 姓名 "," 性别 "," 成绩 "," 城市 "};
private static Object[][]  list;
public static Student stu;
public static MainFrame frame;
```

（4）MainFrame 构造函数中的界面语句如下：

```java
setDefaultCloseOperation(JFrame.EXIT_ON_CLOSE);
this.setTitle(" 学生信息管理 ");
setBounds(100, 100, 764, 469);
contentPane = new JPanel();
contentPane.setBorder(BorderFactory.createEmptyBorder(5, 5, 5, 5));
setContentPane(contentPane);
contentPane.setLayout(null);
JScrollPane scrollPane = new JScrollPane();
scrollPane.setBounds(29, 58, 692, 332);
contentPane.add(scrollPane);
table = new JTable();
scrollPane.setViewportView(table);
JButton button = new JButton(" 查询 ");
button.setBounds(58, 22, 93, 23);
contentPane.add(button);
JButton button_1 = new JButton(" 添加 ");
button_1.setBounds(205, 22, 93, 23);
contentPane.add(button_1);
JButton button_2 = new JButton(" 修改 ");
button_2.setBounds(357, 22, 93, 23);
```

```
contentPane.add(button_2);
JButton button_3 = new JButton(" 删除 ");
button_3.setBounds(539, 22, 93, 23);
contentPane.add(button_3);
```

（5）在 MainFrame 构造类中添加按钮监听。

```
button.addActionListener(new ActionListener() {          // 查询按钮
        public void actionPerformed(ActionEvent e) {
            quaryAll();
        }
});
button_1.addActionListener(new ActionListener() {        // 添加按钮
    public void actionPerformed(ActionEvent e) {
        new FromFjame().setVisible(true);
}
});
button_2.addActionListener(new ActionListener() {        // 更新按钮
    public void actionPerformed(ActionEvent e) {
        update();
    }
});
button_3.addActionListener(new ActionListener() {        // 删除按钮
    public void actionPerformed(ActionEvent e) {
        remove();
    }
});
```

（6）MainFrame 功能实现的方法如下：

```
public static void quaryAll() {                          // 查询功能方法
    list = JdbcUtil.queryAll();
    if(list==null) {
        JOptionPane.showMessageDialog(null, " 服务器繁忙 ");
        return;
    }
    table.setModel(new DefaultTableModel(list, columnCount));
}
private void remove() {                                  // 删除功能方法
    if(table.getColumnCount()==0)quaryAll();
    int i = table.getSelectedRow();
    if(i==-1){
        JOptionPane.showMessageDialog(null, " 请选择要删除的记录 ");
```

```
            return;
        }
        int code = Integer.parseInt(list[i][0].toString());
        String sql ="delete from stus where id="+code;
        boolean boo=JdbcUtil.stuUpadte(sql);

        if(boo) {
            JOptionPane.showMessageDialog(null, " 删除成功 ");
            quaryAll();
            return;
        }else {
            JOptionPane.showMessageDialog(null, " 删除失败 ");;
        }
    }
}
private void update() {                          // 修改与删除
    if(table.getColumnCount()==0)quaryAll();
    int i = table.getSelectedRow();
    if(i==-1) i=0;
    stu = new Student(list,i);
    new FromFjame().setVisible(true);
}
```

（7）在 ainFrame 类中增加主方法。

```
public static void main(String[] args) {
    frame = new MainFrame();
    // 窗口居中
    frame.setLocationRelativeTo(null);
    frame.setVisible(true);
}
```

（8）继承 JFrame 类，建立 FromFjame 类用于添加、更新对话框，并引入以下类文件：

```
import java.awt.Font;
import java.awt.event.*;
import java.util.Date;
import javax.swing.*;
import javax.swing.border.EmptyBorder;
```

（9）JFrame 类定义的属性变量如下：

```
private JPanel contentPane;
private JRadioButton jrbM,jrbW;
```

```
private JTextField jtfName;
private JTextField jtfSore;
private JTextField jtfCity;
```

（10）JFrame 类构造方法中的界面语句如下：

```
setDefaultCloseOperation(JFrame.DISPOSE_ON_CLOSE);
setBounds(100, 100, 314, 436);
contentPane = new JPanel();
contentPane.setBorder(new EmptyBorder(5, 5, 5, 5));
setContentPane(contentPane);
contentPane.setLayout(null);
setTitle(" 学生信息添加修改 ");
JLabel label = new JLabel(" 添加学生 ");
label.setFont(new Font(" 宋体 ", Font.PLAIN, 17));
label.setBounds(118, 20, 120, 39);
contentPane.add(label);

JLabel label_1 = new JLabel(" 姓名 ");
label_1.setBounds(23, 71, 40, 15);
contentPane.add(label_1);
jtfName = new JTextField();
jtfName.setBounds(87, 68, 155, 21);
contentPane.add(jtfName);
jtfName.setColumns(10);

JLabel lblNewLabel = new JLabel(" 性别 ");
lblNewLabel.setBounds(23, 128, 32, 15);//128  125
contentPane.add(lblNewLabel);
jrbM= new JRadioButton(" 男 ",true);
jrbW= new JRadioButton(" 女 ");
ButtonGroup bgSex = new ButtonGroup();         // 创建一个按钮编组对象
bgSex.add(jrbM);bgSex.add(jrbW);               // 单选按钮添加到按钮编组，实现单选
jrbM.setBounds(87,125,50,21);                  // 单选按钮定位
jrbW.setBounds(150,125,50,21);
contentPane.add(jrbM);                         // 加入面板
contentPane.add(jrbW);

JLabel label_2 = new JLabel(" 成绩 ");
label_2.setBounds(23, 191, 40, 15);
contentPane.add(label_2);
jtfSore = new JTextField();
jtfSore.setBounds(87, 188, 155, 21);
```

```
contentPane.add(jtfSore);
jtfSore.setColumns(10);

JLabel label_3 = new JLabel(" 城市 ");
label_3.setBounds(23, 251, 32, 15);
contentPane.add(label_3);
jtfCity = new JTextField();
jtfCity.setBounds(87, 248, 155, 21);
contentPane.add(jtfCity);
jtfCity.setColumns(10);

JButton button = new JButton(" 添加 ");
button.setBounds(37, 325, 93, 23);
contentPane.add(button);

JButton button_1 = new JButton(" 返回 ");
button_1.setBounds(169, 325, 93, 23);
contentPane.add(button_1);

// 当点击的行数的信息不为空时，进行下面的操作
if(MainFrame.stu!=null) {
    label.setText(" 学生信息修改 ");
    jtfName.setText(MainFrame.stu.getName());
    jtfSore.setText(MainFrame.stu.getScore()+"");
    jtfCity.setText(MainFrame.stu.getCity());
    if(MainFrame.stu.getSex().equals(" 男 "))
        jrbM.setSelected(true);
    else
        jrbW.setSelected(true);
    button.setText(" 修改 ");
}
```

（11）在 JFrame 类构造方法中为按钮添加监听。

```
button.addActionListener(new ActionListener() {// 添加或者修改
        public void actionPerformed(ActionEvent e) {
            if(MainFrame.stu==null) {
                addUpdate(-1);// 参数为 -1，添加
            }else {// 参数为记录编号，修改
                addUpdate(MainFrame.stu.getId());
            }
        }
    });
```

```
button_1.addActionListener(new ActionListener() {              // 返回按钮
        public void actionPerformed(ActionEvent e) {
            // 每次返回清空信息
            MainFrame.stu=null;
            // 退出
            dispose();
        }
    });
```

（12）JFrame 类功能实现语句如下：

```
private void addUpdate(int i) {// 增加修改
    String name=jtfName.getText();
    String sex= jrbM.isSelected()? " 男 ":" 女 ";
    String strSouce=jtfSore.getText();
    String city=jtfCity.getText();
    String sql="";
    if(i==-1){
        sql="insert into stus(name,sex,score,city) values(";
    sql=sql+ "'"+name+"','"+sex+"',"+ Double.parseDouble(strSouce)+",'"+city+"') ";
    }else{
        sql="update stus set name='"+name+"',sex='"+sex+"',score=";
        sql=sql+Double.parseDouble(strSouce)+",city='"+city+"'  ";
        sql=sql+"where id="+ i;
    }
    boolean boo =JdbcUtil.stuUpadte(sql);
    if(boo) {
        JOptionPane.showMessageDialog(null, " 更新成功 ");
        if(i>=0){        // 此时为更新
            MainFrame.stu=null;
            dispose();
        }
        jtfName.setText("");
        jtfSore.setText("");
        jtfCity.setText("");
        MainFrame.quaryAll();
        return;
    }else {
        JOptionPane.showMessageDialog(null, " 更新失败 ");
    }
}
```

学生信息管理系统完整程序参见资源文件包。

技能检测

选择题

1. 使用 JDBC-ODBC 桥连接 Access 或 SQL Server 数据库时，需要在（　　）中配置数据源。

    A. 控制面板　　　　　B. Eclipse　　　　　C. Access　　　　　D. SQL Server

2. Java 连接 SQL Server 数据库时要将 SQL Server 登录模式设置为（　　）。

    A. Windows 身份验证模式　　　　　　　B. SQL Server 验证模式

    C. 不需要任何设置　　　　　　　　　　D. 混合验证模式

3. Java 和 Access 及 SQL Server 的连接采用桥连接方式，数据需要在 Java 端的（　　）和 Windows 系统提供的（　　）数据源之间中转。

    A. ODBC，JDBC　　B. ODBC，ODBC　　C. JDBC，ODBC　　D. JDBC，JDBC

4. 在 Java 中，JDBC API 定义了一组用于与数据库进行通信的接口和类，它们包括在（　　）包中。

    A. java.sql　　　　　B. java.lang　　　　　C. java.util　　　　　D. java.math

5. 数据库连接语句中，conn=DriverManager.getConnection("jdbc:odbc:myAccessSource","",""); 中的 myAccessSource 为（　　）。

    A. 数据库中标的名称　　　　　　　　　B. 数据源名称

    C. 数据库服务器的机器名　　　　　　　D. 用户名

6. 使用 JDBC 桥连接数据库和使用 JDBC 驱动连接的区别是（　　）。

    A. 无区别

    B. 桥连接需要配置数据源，不同数据库的数据源配置方法完全相同

    C. 桥连接和驱动连接一样，都是将 Java 连接到数据库

    D. JDBC 驱动包由数据库公司编写，对数据库与 Java 的连接进行了一定的优化，所以在速度和安全性上都是比较高的

7. 使用 conn.createStatement(resultSetType,resultSetConcurrency); 创建 Statement 对象时，第一参数指定了记录指针的移动方式。下列选项中，限制记录指针只能从前向后移动，不能从后向前移动的是（　　）。

    A. ResultSet.TYPE_FORWARD_ONLY:

    B. ResultSet.TYPE_SCROLL_INSENSITIVE:

    C. ResultSet.TYPE_SCROLL_SENSITIVE:

    D. ResultSet.CONCUR_READ_ONLY:

8. 使用 conn.createStatement(resultSetType,resultSetConcurrency); 创建 Statement 对象时，第二参数指定了在一个记录的内部指针在各个字段间移动的情况。下列选项中，指定指针只能按列的顺序向前移动，也就是说查看完第二个字段的值，无法回看第一个字段的值的是（　　）。

    A. ResultSet.TYPE_FORWARD_ONLY:

    B. ResultSet.TYPE_SCROLL_INSENSITIVE:

    C. ResultSet.TYPE_SCROLL_SENSITIVE:

D. ResultSet.CONCUR_READ_ONLY:

9. 在一个 24 小时运行的系统中，当某次数据库使用完毕后（　　　）。

    A. 无须关闭，Java 有很好的内存回收机制，一段时间后，虚拟机会自动回收不用的内存

    B. 必须关闭，否则再次使用时系统会报错

    C. 无须关闭，再次使用时可以创建新的连接

    D. 建议关闭，及时释放数据库连接，避免他人因资源不足而长时间等待

10. rs 为一个 ResultSet 类对象，是某数据表的查询结果集，数据库中第一个字段为 ID，int 类型；第二个字段为姓名，varchar 类型。假设已经定义了变量 int id; String name;，那么以下选项中，语句完全正确的是（　　　）。

    A. id=rs.getInt(1); name=rs.getInt(2)

    B. id=rs.getInt(1); name=rs.getString("name")

    C. id=rs.getString("id");name=rs.getString("name")

    D. id=(int)rs.getObject(1);name=rs.getObject(2)

参考文献

［1］凯·S.霍斯特曼. Java 核心技术. 卷 I. 北京：机械工业出版社，2019.

［2］刘洪涛. Java 编程技术基础（微课版）. 北京：人民邮电出版社，2021.

［3］张锦盛. Java 程序语言基础. 北京：北京理工大学出版社，2018.

［4］郭克华，刘小翠，唐雅媛. Java 程序设计与应用开发. 北京：清华大学出版社，2017.

［5］张吉力，黄涛，吴强. Java 程序设计项目化教程. 武汉：华中科技大学出版社，2017.

［6］胡伏湘. Java 程序设计基础. 大连：大连理工大学出版社，2018.

［7］张桓，张扬，王蓓，等. Java 程序设计与实践. 北京：清华大学出版社，2015.